図解 Z80 マイコン応用システム入門 第2版 ソフト編

柏谷英一・佐野羊介・中村陽一 著

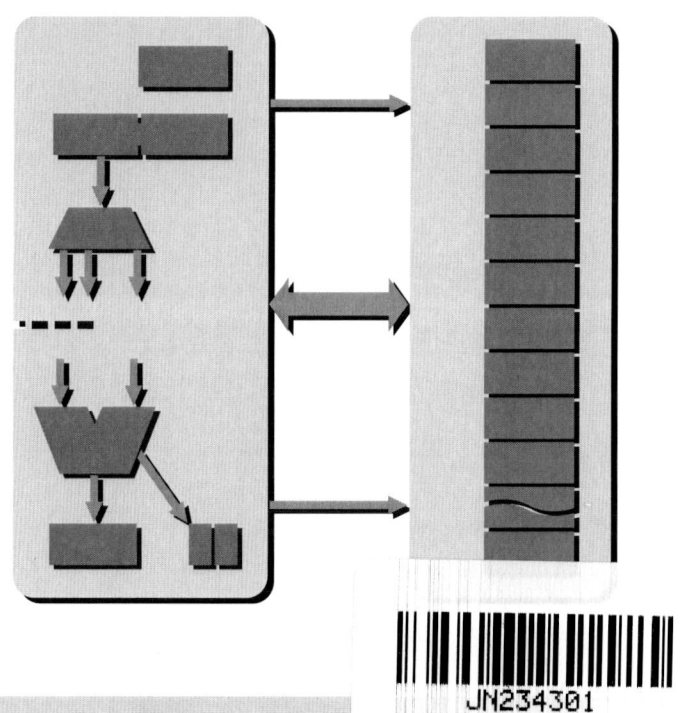

東京電機大学出版局

まえがき

　数年前まで，私達の身のまわりの電気製品で，マイクロプロセッサ (MPU) が使われている商品といえば電卓があった程度でした．が，わずか数年の間で急速に普及し，今や，普段何気なく使っている家庭用電気製品などにも組み込まれています．さらに今後は，より使いやすく，より簡単に操作できるようにするため知能化へ向かっていくといわれています．

　この動きは産業界においてより顕著で，工作機械やロボットをはじめ，工場までが一つの知能機械として考えられています．これも MPU を一個の電子部品として簡単に入手して，装置に組込むことができ，設計者の思うままに装置を制御することが可能になったためともいえます．今や技術者にとっては，その分野を問わずマイクロプロセッサに対する知識が必要不可欠であるといえましょう．

　また，アセンブリ言語の参考書は多数出版されていますが，実際に自分でプログラムを作成し，これを実行する場合，手持ちのパソコンでどうやればできるのかが分からないことが多く，ほとんどの人は机上のプログラムで終わっているようです．

　本書は，長年にわたるマイクロコンピュータの教育を通し，学生の疑問に答えていくなかで，こんな本があればいいなと思っていたことを基に**入門者用**として執筆したものです．内容としては，初学者を対象にマイクロプロセッサとは何か，どのような動作をしているのか，アセンブリ言語とその命令，プログラムの作成，さらにはパソコンを用いて Windows 上でのプログラム開発，ROM 化までを**一冊で理解できるように配慮**しました．

　このように本書の内容が多岐にわたるため，一応次のように執筆分担し，議論をかわしながら一冊の本にまとめました．

　　　　　柏谷英一　　第 2 章，第 7 章
　　　　　佐野羊介　　第 1 章，第 3 章，第 4 章
　　　　　中村陽一　　第 5 章，第 6 章，第 8 章

　本書ではソフトウェアとその開発について述べましたが，ハードウェアについ

ては〈ハード編〉として出版する予定です．この〈ソフト編〉と〈ハード編〉でZ80マイクロプロセッサに関するすべてが理解できるものと思います．

　おわりになりましたが，本書を執筆するにあたりたくさんの方々の資料，文献を参考にさせていただきました．これらの著者の方々に御礼申し上げます．

　また，我々三人の原稿のとりまとめや意見の総まとめをやったり，ともすれば遅れがちになる我々を激励し，おつき合いいただいた東京電機大学出版局の植村八潮氏に御礼申し上げます．

　　　　昭和63年2月　　　　　　　　　　　　　　　　　　　　著者らしるす

改訂にあたって

　本書を書いたときから10数年たちました。この間のMPUの進歩には目を見張るものがあり，OSにおいてもさまざまな製品が発表されましたが，現在は一般ユーザ向けOSではMS-Windowsが主流を占めています。このOSを用いたパーソナルコンピュータ(PC)は，当時は考えもしなかったCADやCGのソフトウェアを扱えるようになり，さらにはネットワークと結びついてIT社会を出現させ，経済の仕組みから考え方までを変革し，独自の文化を創り出そうとするまでになりました。

　本書の内容も現状に沿ったものとするため，大幅に改訂することになりました。改訂の内容は，上記の現状を踏まえて，

　　　　　　・最近のMPUの動向
　　　　　　・Windows環境でのプログラム開発の現状
　　　　　　　　（エディタ→アセンブル→デバック→ROM化）

等を考慮し，作業を進めました．

　本書では，「アセンブリ言語→ROM化」としましたが，最近は「C言語→ROM化」という方法も多く行われています。C言語を用いた方法は本書の目的ではないので，改訂版ハード編に収録することにしました．

　終わりに，本書により初学者の皆さんがMPUを理解し，コンピュータ制御機器を容易に設計できるように願っております。また，相変わらず筆の遅い我々を根気よく引っ張っていただいた東京電機大学出版局の菊地雅之氏に心から御礼申し上げます．

　　　　平成12年2月　　　　　　　　　　　　　　　　　　　　著者らしるす

目　次

第1章　マイコンとは …………………………………………… 1

- 1.1　コンピュータの原理 ──── 1
- 1.2　コンピュータの基本構成 ──── 2
- 1.3　ハードウェアとソフトウェア ──── 7
- 1.4　マイクロコンピュータとは ──── 7
- 1.5　制御とマイクロコンピュータ ──── 10
- 1.6　マイコンの種類 ──── 13
- 1.7　マイクロプロセッサの発展経緯と動向 ──── 14

第2章　マイコンにおけるデータ表現 …………………… 17

- 2.1　10進法と2進法，8進法，16進法 ──── 17
- 2.2　数体系変換 ──── 18
- 2.3　2進数の四則 ──── 21
- 2.4　論理演算 ──── 23
- 2.5　負の数の表現 ──── 26
- 2.6　データの表現方法 ──── 29
- 2.7　文字符号 ──── 31

第3章　マイコンの基本構成と動作 ……………………………… 35

3.1　マイコンの基本構成 —— 35
3.2　メモリ —— 37
3.3　命令の種類と構成 —— 39
3.4　MPU —— 42

第4章　Z80 MPUの概要 ……………………………… 63

4.1　Z80の構成 —— 63
4.2　Z80の命令の概要 —— 70

第5章　Z80のアセンブラ ……………………………… 80

5.1　アセンブラ —— 80
5.2　アセンブリ言語 —— 81
5.3　簡単なプログラム —— 95

第6章　Z80の命令 ……………………………… 100

6.1　ロード命令(転送命令) —— 101
6.2　演算命令 —— 115
6.3　ジャンプ命令 —— 136
6.4　ローテートシフト命令・ビット操作命令 —— 142
6.5　入出力命令(Input/Output命令) —— 151
6.6　MPU制御命令と(Aレジスタ)操作命令 —— 155
6.7　コール命令・リターン命令 —— 156

第7章　プログラム開発　……………………………… 162

- 7.1　システム開発とプログラムの作成手順 ──── 162
- 7.2　フローチャートと記号 ──── 165
- 7.3　基本的なフローチャート ──── 169
- 7.4　Z80プログラムのアプローチ ──── 172
- 7.5　プログラムの基本形 ──── 175
- 7.6　サブルーチン型プログラム ──── 182
- 7.7　プログラム演習 ──── 184
- 7.8　ハンドアセンブルの演習 ──── 188

第8章　プログラム開発手順　……………………… 194

- 8.1　プログラム開発の方法とツール ──── 194
- 8.2　プログラム作成とデバッガによる実行例 ──── 198
- 8.3　クロスアセンブラ(SASM)の使用法 ──── 212
- 8.4　オブジェクトリンカ(SLINK)の使用法 ──── 216
- 8.5　ライブラリアン(SLIB)の使用法 ──── 218
- 8.6　デバッガ(Z-Vision)の使用法 ──── 219

索引　……………………………………………………… 226

付録　Z80命令一覧表

本書の付録は，小局ホームページに掲載しています．

東京電機大学出版局ホームページ　https://www.tdupress.jp/
　［トップページ］⇨［ダウンロード］
　⇨［Z80マイコン応用システム入門（ソフト編）第2版］
または，
　https://web.tdupress.jp/downloadservice/ISBN978-4-501-53120-1/

図解Z80 マイコン応用システム入門

ハード編 目次

第1章　Z80 MPU

第2章　MPU 周辺回路の設計

第3章　メモリ

第4章　I/Oインタフェース

第5章　パラレルデータ転送

第6章　シリアルデータ転送

第7章　割込み

第8章　マイコン応用システムの設計

第9章　システム開発

第 1 章

マイコンとは

　コンピュータが1946年に現れて以来，その性能の向上とともに技術計算から，事務処理へと応用分野を広げ，人間に比べてきわめて高速で正確な情報処理機能により，現在では産業活動はもちろんのこと広く高度な社会活動を支えている．

　一方，マイクロコンピュータは1971年に，コンピュータ技術と半導体集積回路（IC）技術を集約して開発されたものである．それまでのコンピュータでは，物理的（スペース的）あるいはコスト的に利用が不可能であった分野に対し，コンピュータ機能の利用を可能にしたのである．ひとことでいえば，マイクロコンピュータとは，コンピュータの主要機能を実現する1個の部品である．その結果，現在では個人レベルでコンピュータ（デスクトップ型パソコンやノート型パソコン）を利用できるようになり，また民生用・産業用を問わず，あらゆる製品にマイコンが内蔵され，高機能化・多機能化・小型軽量化等が実現されている．

　このようにマイクロコンピュータはあらゆる分野に応用され，高度技術社会に不可欠な要素となるに至っている．この章では，マイクロコンピュータも含めコンピュータの原理と基本構成を理解した後でマイクロコンピュータの特徴と意義を学ぶことにする．

1.1 コンピュータの原理

　マイクロコンピュータも含めコンピュータは汎用の情報処理装置であり，図1・1のように目的に応じ，人間や機械から与えられる情報（データ）を入力し，それを処理（加工）し，その結果を人間や機械に出力する．

ここで汎用とは，電卓や計測器やワードプロセッサが，一種の専用の情報処理機械であるのに対して，コンピュータは，あらかじめその用途が定まっておらず，どんな目的にも使用できることを意味する．

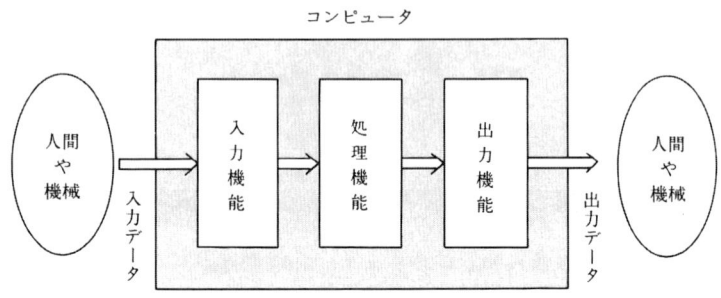

図1・1　コンピュータの機能

このことは，図1・2のように目的に応じてコンピュータにさせたい仕事，すなわち，どのようにデータを入力し，どのように処理し，どのように出力するかという手順を示す情報を，あらかじめコンピュータの内部に用意しておき，コンピュータ自身がその仕事の手順を自動的に遂行していくことにより実現される．

このコンピュータにさせたい仕事の手順を**プログラム**という．そして，あらかじめ人間がコンピュータの内部に与えておいたプログラムによって，コンピュータの果たす機能が定まることを，**プログラム内蔵方式**と呼んでいる．これがコンピュータのもっとも基本的な原理である．図1・3は，まったく同一のパーソナル・コンピュータが，プログラムを変えることにより異なった仕事をすることの例を示している．同図(a)は，人間が相手のデータ処理であるのに対し，同図(b)では，機械が相手の制御を行っている．

1.2　コンピュータの基本構成

では，このプログラム内蔵方式によるコンピュータの動作が，どのような仕組みにより実現されているかを明らかにする．図1・4は，コンピュータの一般的な構成図である．図に示す五つの要素のうち，記憶装置，演算装置と制御装置を総称してコンピュータ本体と呼ぶことがある．コンピュータ本体は"0"と"1"

1.2 コンピュータの基本構成　3

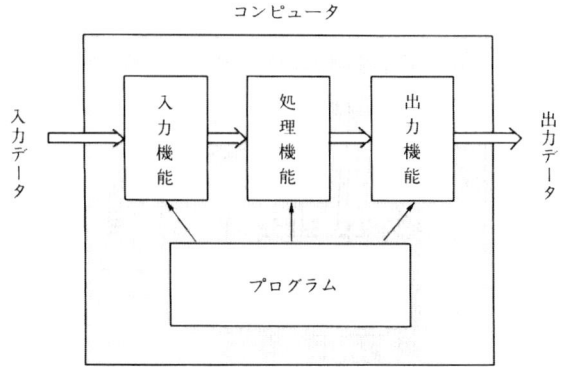

図1・2　プログラム内蔵方式

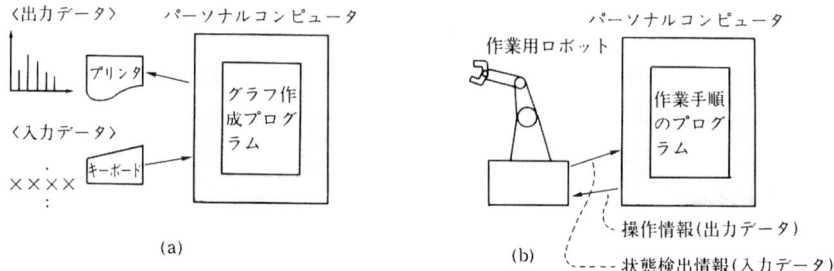

図1・3　データ処理と機械制御

の組合せで表現される2値のディジタル情報を蓄えたり，加工したり，伝送したりする複雑な論理回路で構成されている．

　すなわち，コンピュータ本体はディジタル情報しか処理することができず，第2章で学ぶように，数値データや文字データをはじめ，コンピュータで処理されるいっさいのデータはもちろんのこと，上述のプログラムも0と1の組合せで表現される．

　各要素の機能は次のとおりである．

1　**入力装置**　人間や機械から与えられるさまざまなデータを，コンピュータが処理可能な情報形態（0と1からなるディジタル信号）に変換する．図1・5(a)(b)に，人間が文字データを入力するときに用いるキーボードと，機械の位置や回転角度を検出するポテンショメータを例として示す．

4 マイコンとは

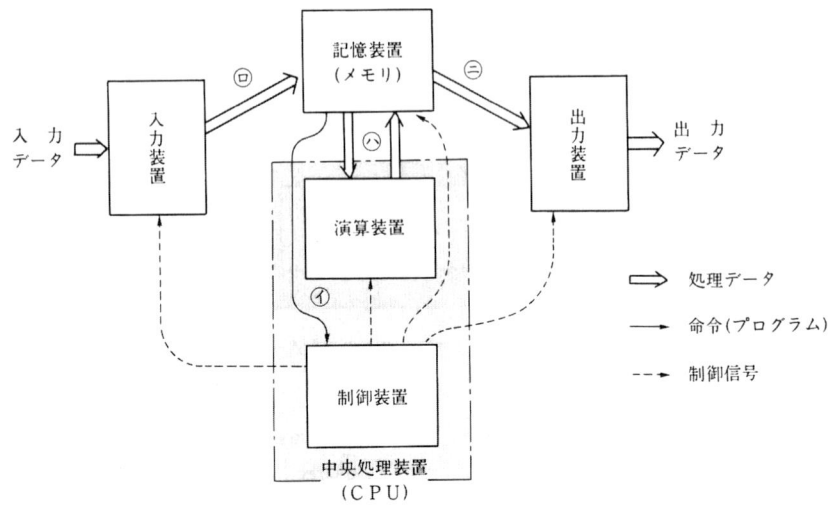

図1・4 コンピュータの基本構成図

2 出力装置 コンピュータが処理した結果を，人間や機械にとって意味のある情報形態に変換して出力する．図1・6に具体例として，プリンタ（対人間）とモータの駆動/停止を行うためのリレー（対機械）を示す．

入力装置と出力装置を総称して，**入出力装置**あるいは**I/Oデバイス**と呼ぶ．ここでは，どんな情報（現象，状態）でもそれをディジタル的な電気信号に変換さえすれば，コンピュータに入力して処理が可能であることに注意しよう．このことと，プログラム内蔵方式であるということが，コンピュータがどんな分野にも応用できるということを可能にしているのである．

3 記憶装置 メモリともいい，コンピュータを最も特徴づける要素である．メモリは1.1節で述べたプログラムを格納しておくために用いる（プログラム内蔵方式）．さらにメモリは，プログラムの処理の対象となるデータを格納する働きもする．具体的には図1・4に示したように，入力装置から入力されるデータ（回），演算装置で演算するデータ（ハ），出力装置に出力するデータ（二），を必要に応じて記憶しておくのである．したがって，図1・7のようにメモリのある領域はプログラムが，また別の領域にはデータが格納される．

1.2 コンピュータの基本構成 5

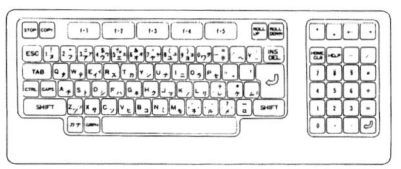 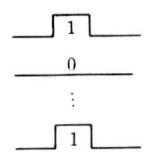

キーを押すと，その文字に対応した0，1の組合せからなる符号が発生する

(a) キーボード

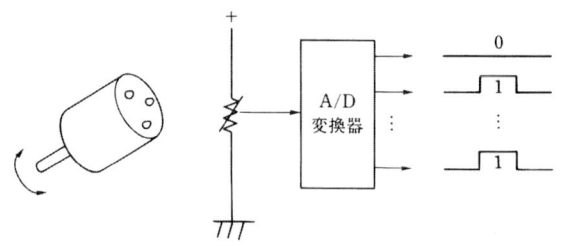

回転角度に対応した電圧値が，ディジタル化されて発生する

(b) ポテンショメータとA/D変換器

図1・5 入力装置(機器)の例

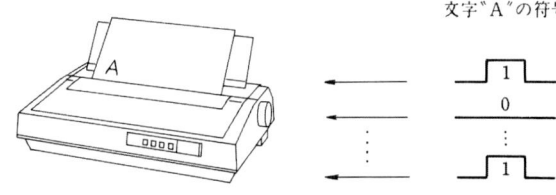

文字"A"の符号

印字文字に対応するディジタル符号を与えると，その文字が印字される

(a) プリンタ

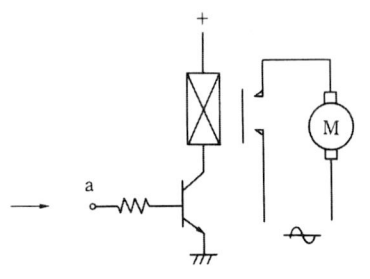

a点に"1"(高い電圧)を与えるとリレーが作動しモータは回転する．"0"(低い電圧)を与えるとリレーは作動せずモータは停止する

(b) リレー

図1・6 出力装置(機器)の例

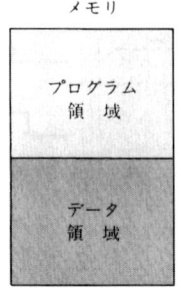

図1・7 メモリ上に格納されるプログラムとデータ

4 演算装置 演算装置はコンピュータがプログラムに従って処理をしていく上での仕事場に相当するものであり，メモリから取り出されたデータに対する演算や論理操作を施す機能を持つ．

5 制御装置 制御装置はコンピュータの全体の動作の制御をつかさどるもので，具体的には，メモリに格納されているプログラムに従って，上記(1)〜(4)の各装置を制御する．

これまでの説明で，コンピュータはプログラムに従って仕事をすることが理解できたと思われるが，プログラムは，コンピュータに対し，人間がさまざまな指示を与える**命令**を，実行させたい順番に並べたものである．命令の具体例をあげると，"キーボードから入力せよ""加算せよ""プリンタに出力せよ"などである．図1・8にメモリにこれらの命令を，組み合わせたプログラムが格納されている様子を示す．

制御装置の働きをもう少し詳しく見ると，次の①，②の動作を繰り返すことによってプログラムを処理していく．

① メモリに格納されている順に，一つずつ命令を制御部に取り出してくる(**命令の取出し（フェッチ）動作**)．→図1・4の矢印㋑に対応．

② 取り出した命令に従って，各部に制御信号を与え，その命令で指示される動作を実行する(**命令の実行（イクスキュート）動作**)．→図1・4の矢印㋺㋩㋥のいずれかに対応．

このように制御装置が，自動的にプログラムを構成する命令を順番に取り出し，実行していくことを，**逐次制御方式**といい，プログラム内蔵方式と並んで，コン

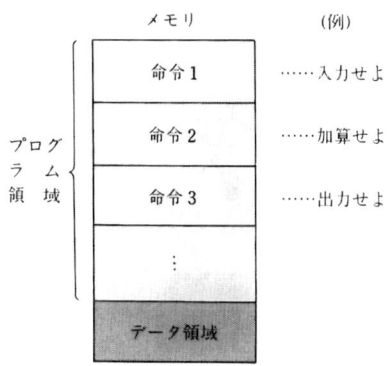

図1・8 プログラムは命令の並びからなる

ピュータの基本原理になっている．

なお，コンピュータ本体のうち，演算装置と制御装置をまとめて**中央処理装置**(CPU：Central Processing Unit) という．

1.3 ハードウェアとソフトウェア

図1・4にコンピュータの構成を示したが，そのうちコンピュータ本体は，複雑な論理回路からなり，またI/O装置は，さらに電子・電気回路や，機械部分から構成されている．これらは物理的なものとして存在することから，**ハードウェア**と呼ぶ．これに対して，メモリの中に格納するプログラムは物ではなく一種の情報であり，**ソフトウェア**と呼ぶ．

一般に，ある装置やシステムそのものをハードウェアというのに対し，それらの利用技術をソフトウェアという．ソフトウェアとは，ハードウェアを操作する情報である．ハードウェアとソフトウェアの関係を図1・9に示す．

1.4 マイクロコンピュータとは

1.3節においてコンピュータの構成要素のうち，演算装置と制御装置をCPUと総称すると述べたが，このCPUが1個のLSI(Large Scale Integlated Circuit：大規模集積回路)として実現されたものを**マイクロプロセッサ**あるいはMPU(Micro

8 マイコンとは

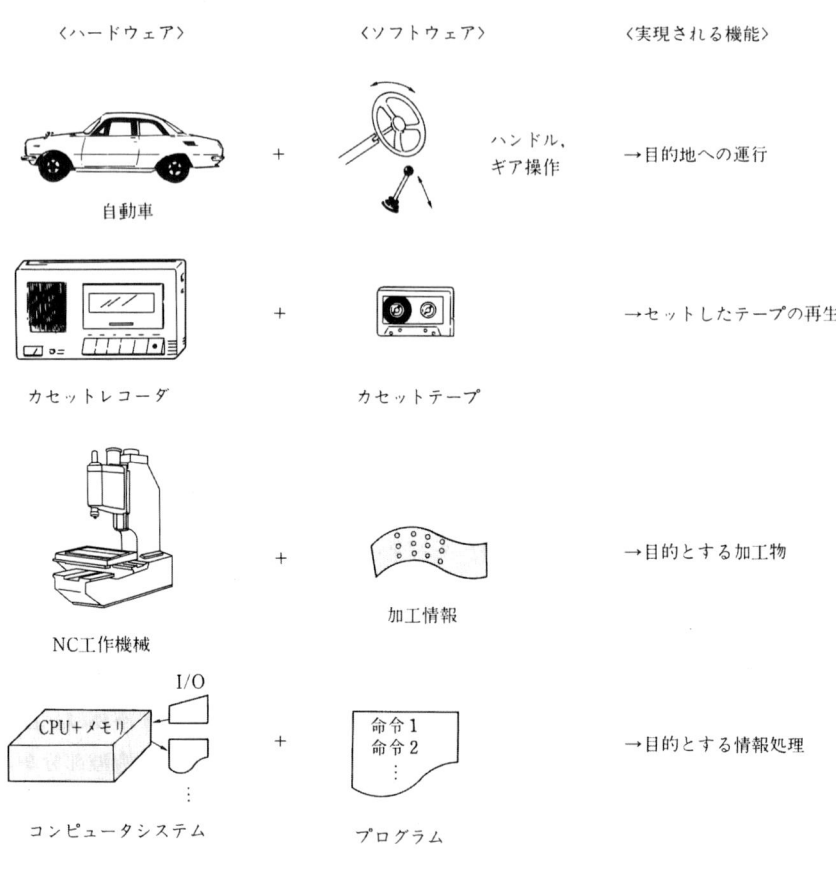

図1・9

Proccessing Unit) という．つまりマイクロコンピュータ（略して，マイコン）とは，LSI 化された CPU すなわちマイクロプロセッサを用いて構成したコンピュータということができる．

　1971 年にはじめてマイコンが誕生したということは，半導体集積回路技術の発達により，従来は多数の IC を組み合わせて CPU を構成していたものが 1 個の LSI として実現されたということである．

　図 1・10 は本書で詳しく学ぶ Z 80 というマイクロプロセッサの写真であるが，この中には，約 8 500 個の MOS トランジスタが集積されている．そしてコンピュータ本体を構成するもう一つの要素であるメモリも LSI 化されているので，結局マ

イクロコンピュータのI/O装置を除いた本体部分のハードウェアは，きわめてコンパクトに実現されることになったわけである．

図1・10

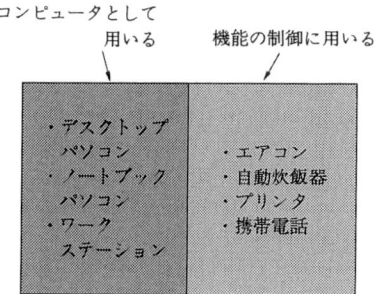

図1・11　マイクロプロセッサ応用の二つの面

その結果として，図1・11に示すように，従来のコンピュータの延長線上にパソコンが生まれ，その一方でさまざまな機器類にマイクロプロセッサを組み込むことにより，高度な機能・性能が容易に実現できるようになった．このような機器に組み込んで用いるマイクロコンピュータのことを**組込型マイコン**(Embeded type Micom)とよぶ．

本書の目的は，マイクロコンピュータをさまざまな機器の制御に応用するためのハードウェアとソフトウェアの技術を学ぶことにある．

1.5 制御とマイクロコンピュータ

ここで，マイクロコンピュータを制御の目的で用いることの意義と特徴を明らかにするため，制御の意味を考えてみよう．われわれは生産活動をはじめとして，社会生活を維持していくために，さまざまな広い意味での機械やシステムを利用している．ところで，これらの機械やシステムに入力されるものと出力されるも

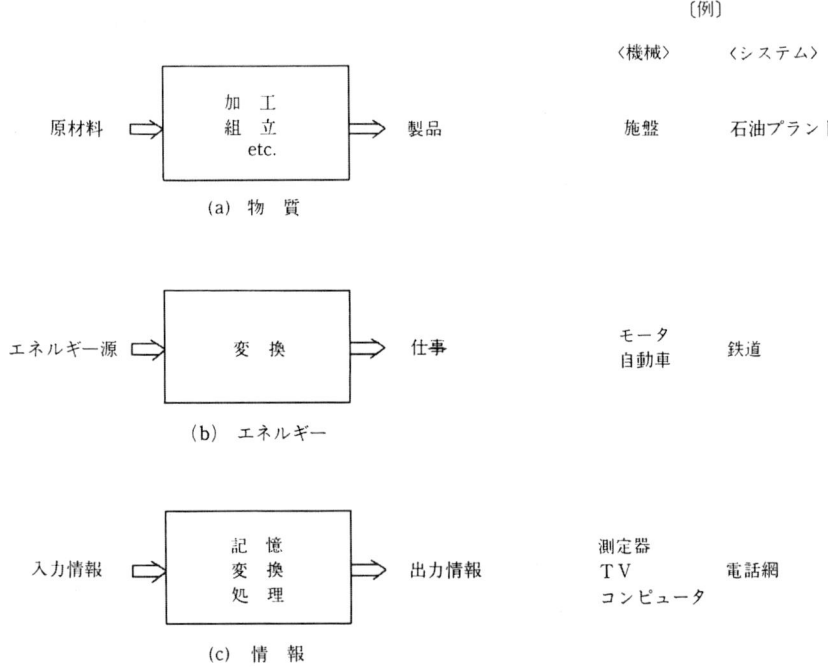

図1・12 入力と出力に注目した機械/システムの分類

のがなんであるか，すなわちその機械によって分類してみると，まず図1・12のように物質，エネルギー，情報のいずれかまたはそれらの複合であることがわかる．

さらに，どのタイプであれ，目的とする入/出力のほかに，図1・13のように，その機械のハードウェアを働かせるためにはなんらかのエネルギーが必要であること，そしてより重要なこととして，必ずその機械の入力と出力を関係づけるための制御情報が必要なことがわかる．この制御情報，すなわち目的に応じて，ハー

ドウェアを操作する情報が前に述べたソフトウェアである.

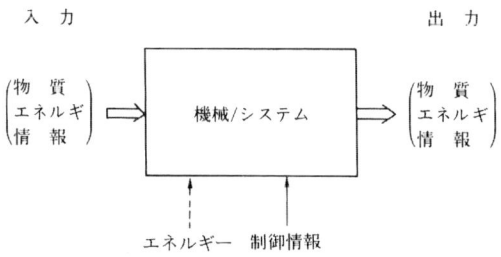

図1・13 すべての機械/システムの一般モデル

以上から，結局，すべての機械は，その内部に図1・12(b)(c)の二つの要素を備えていることになる.

このことを工作機械，カメラ，ミシンなどのメカニズムを含む機械についてモデル化したのが，図1・14である.

図1・14で**アクチュエータ**とは，モータのように，メカニズムを直接駆動するも

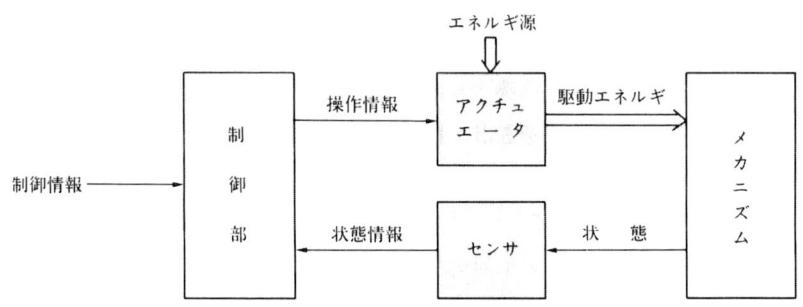

図1・14 メカニズムを含む機械の一般モデル

のであり，**センサ**とは，メカニズムや環境の状態（たとえば，回転速度，移動位置，湿度など）を電気的な信号に変換するものである．制御部は，人間や上位の機械が与える制御指令とセンサから得られる状態情報に基づき，アクチュエータを操作する働きをする．したがって，制御部およびセンサは，広い意味で情報を処理する要素であり，アクチュエータは，エネルギを変換する要素であることがわかる.

JIS（日本工業規格）では，「制御とは，ある目的に適合するように，対象とな

っているものに所要の操作を加えること」と定義している．

一方，さまざまな機械の制御の形態は，**シーケンス制御**と**フィードバック制御**に大別できる．シーケンス制御とは，「あらかじめ定められた手順に従い，段階的に操作を加えるような制御」をいい，自動販売機や，全自動洗濯機の制御がその例である．フィードバック制御はより高度な制御で，「制御された結果を連続的に検出し，それと目標値との間に差があれば，自動的に訂正するような制御」のことをいう．具体例としては，工作機械の位置決めや炉の温度制御などがあげられる．

以上，制御の意味を調べてきたが，制御の本質とは，目標を実現するために必要な情報を入力し，それに基づいて必要な情報を出力するという広い意味での情報処理にほかならない．前に述べたようにマイクロコンピュータは情報を入力し，加工し，出力することのできる汎用の情報処理デバイスである．したがってどんな機械の制御にもマイクロコンピュータを用いることができるのである．

では，マイクロコンピュータを制御に用いることの意義はなんであろうか．一番大きな意義は，マイクロコンピュータがプログラマブルなデバイスであるということである．すなわちどんな製品でも，したがってどのような制御であっても，それに対応したプログラムを与えることによって，その製品の制御機能を実現できるということである．いい換えれば，マイクロコンピュータを用いなければ，製品ごとに専用の制御回路を設計・製作しなければならなかったものが，マイクロコンピュータを用いることによって，MPUとメモリというごく少量の標準的なハードウェアを用意すればよく，プログラムと3章4.6項で学ぶI/Oインタフェースを変えるだけで何にでも対応できるということである．このことは，さらに，設計時点での変更や，完成後の仕様変更や性能アップに柔軟な対応ができる（ハードウェア（回路）を変えなくても，ソフトウェア（情報）を変えるだけでよい）ということをも意味する．このマイクロコンピュータ制御の特徴は，製品の機能が高度で複雑なほど開発期間の短縮や必要経費の低減という形で生きてくるのである．

なお，制御機能を論理素子の組合せで実現する方法を，**ワイヤードロジック制御**とかハードロジック制御とか呼ぶのに対し，マイコン制御のようにコンピュータのプログラムで実現する方法を，**ストアードロジック制御**とかソフトロジック制御と呼ぶ．

1.6 マイコンの種類

マイコンは，さまざまな観点から分類できるが，ここでは応用する上で重要と考えられる語長，製造プロセス，利用形態について述べる．

1 語長　語長とは，マイコンの一つの命令で処理できるデータのサイズ（ビット長）のことをいう．現在，多く使用されているMPUの語長は4ビット，8ビットそして16ビットであるが，32ビットのMPUも使われている．語長と処理能力（単位時間に処理可能なデータ量）は比例関係にあるので，応用目的に応じて使い分けられている．4ビットのMPUは家電製品などに，8ビットは最も用途が広くさまざまな生産機械・情報機器などに用いられている．16ビット以上は，画像処理のような，特に高速に大量のデータ処理を要求される分野で用いられる．

2 利用形態　ある製品やシステムの制御機能として，マイコンを組み込む場合に必要なハードウェアは図1・15の要素からなりたっている(図中のI/Oポートと I/Oインタフェースの機能は3.4.6項で述べる)．ここでいう利用形態とは，どの要素までを既製品として利用するかを意味する．通常の機器組込みの場合，応用技術者は，

① MPU
② ワンチップマイコン
③ ワンボードマイコン

のいずれかが選べるが，下に行くほど設計の自由度は減るが，開発時間は短縮できるので，多くの場合②や③が採用されている．

ワンチップマイコンとは，CPUの他にメモリ(ROMとRAM)とI/Oポート，及び多くのアプリケーションで共通的に必要となるタイマー機能，通信機能，AD/ACコンバータなどを一個のLSIに集積したものをいう．なお，ワンチップマイコンのことをマイクロコントローラともいう．

ワンボードマイコンとは，プリント基板上にMPU，メモリ，標準的にI/Oインタフェースを実装した半完成品であり，ソフトウェアを作成することでさまざまな用途に使用することができる．

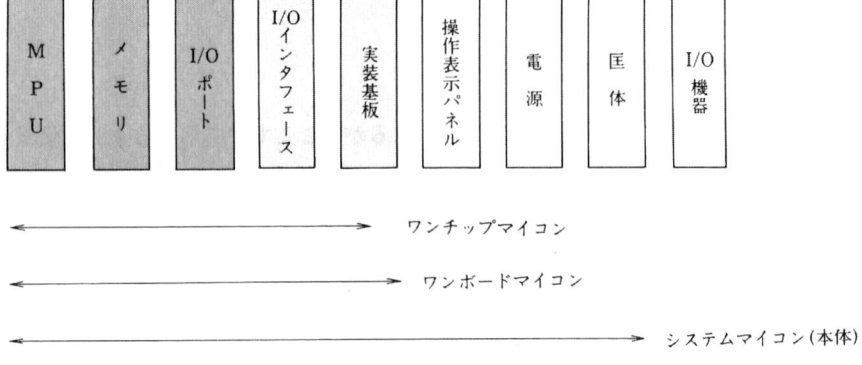

図1・15 マイコン応用製品の構成要素

システムマイコンは，電源も内蔵した完成品で標準的なI/O機器が接続できるように作られている．パソコンや工業用のマイコンシステムがこれに該当する．

1.7 マイクロプロセッサの発展経緯と動向

1971年，米国の半導体メーカーであるインテル社が，電卓への応用をめざした，語長が4ビットのマイクロプロセッサ4004を開発して以来，集積度の向上により機能を増大し，現在では一昔前の大型コンピュータのCPUに匹敵する32ビットのマイクロプロセッサが開発されている．表1・1に代表的な汎用マイクロプロセッサの発展経緯を示す．

表1・1 汎用マイクロプロセッサ発展経緯

開発メーカ \ 開発年度	1971	1974	1976	1978	1985	1993
インテル	4004	8080	8085	8086	80386	Pentium
モトローラ		6800	6809	68000	68020	PowerPC
ザイログ			Z 80	Z 8000	Z 80000	
語 長(ビット)	4	8		16	32	32
素子数	2900	数千		数万	数十万	数百万
製造プロセス	P MOS	N MOS , C MOS		C MOS	C MOS	
ピン数	16	40		40～64	百数十	2百数十
クロック速度(Hz)	数百 K	2～6 M		5～10 M	10～20 M	100～200 M
メモリ空間(Byte)	4.5 K	64 K		1～16 M	4 G	4 G

インテル社は4004で先鞭をつけた後,本格的な応用をめざして,8ビットの8080を開発し,一方ややおくれて,モトローラ社がミニコンをベースにした6800を開発した.この両社が今日のマイコン隆盛の基礎を作った.そこへザイログ社が8080の基本構造は残し,さらに新しい機能を付加し,より使いやすくしたZ80を開発した.

その後,より高度な応用のために16ビット,32ビット製品が各社から発売されているが,いずれもそのアーキテクチャは,程度の差はあれ,過去のソフトウェアの蓄積を無効にしないために,前世代の製品との連続性・一貫性が保たれている.

16ビット以上の製品の特徴は,単に一つの命令で扱えるデータの大きさが増大したということではなく,高度な利用法(たとえば,同時に複数の異なった処理を行うマルチタスク処理など)が可能な機能が備わっているということである.

1980年代までは,汎用のMPUがパソコンと組込マイコンの両方に用いられることがあったが,1990年代には,汎用のMPUはパソコンやワークステーションに用いられ,組込用には多くの場合,周辺機能を内蔵したワンチップマイコンが用いられることが多くなった.本書で対象とするZ80に関して言えば,日立のHD 64180,東芝のTMPZ 84 C,川崎製鉄のKL 5 C 8012などのシリーズがある.これらのシリーズに共通する特徴は以下のとおりである.

 ①命令はZ80と互換性がある(過去にZ80用に関発したソフトウェアをそのまま使うことができる.)
 ②メモリ空間がZ80の64 KBから大幅に拡大され,組み込む対象が複雑・高度なものに対応できるようにしている.
 ③応用用途に応じて,周辺機能が選択できる複数の製品を提供している.
 ④処理効率を高めるための独自の命令群を追加している.

32ビットのマイクロプロセッサは主にパソコンやワークステーションのCPUとして用いられているが,1990年代にはいると表1・1に示した80x86や608x0等の**CISC**(Complex Instruction Set Computer)と呼ばれるタイプとは別に,**RISC**(Reduced Instruction Set Computer)と呼ばれる製品がワークステーションで多く用いられるようになった.

前者は CPU の制御機能（命令の取り出しと実行）を実現するのに，小さなコンピュータに相当するものを CPU 内部に設ける．そしてそのコンピュータに対する命令群（マイクロプログラムという）を処理することにより多数の機能の高い複雑な CPU 命令を実現する．一方 RISC では CPU には複雑で高機能な命令は設けず，CPU 内の制御部はワイヤードロジックで構成し，制限された単純な命令を極めて高速に処理するように工夫がされている．

なお，現在多くのパソコンの CPU として使われている Pentium II では，RISC の機能も取り入れられている．また，これらの高性能の MPU には，CPU の機能のほかに，**キャッシュメモリ**とよばれる高速なメモリが搭載されている．キャッシュメモリとは，プログラムやデータが格納されるメインメモリの動作速度が CPU の動作速度より大幅に遅いために生じるボトルネックを解消するために設けられるもので，メインメモリの一部（ごく最近に使用されたプログラムとデータ）のコピーを保持する働きをする．

もう一つの傾向に **ASIC マイコン**がある．ASIC は Application Specific Integrated Circuit の略称で，ユーザーの要求仕様に合わせて LSI メーカーが製作するカスタム IC のことを意味する．ユーザーが独自に設計した Z80 等の MPU を含んだ回路を LSI 化したものを ASIC マイコンという．

第2章
マイコンにおけるデータ表現

2.1 10進法と2進法, 8進法, 16進法

われわれは日常10進法を用いて数を表している.これは各桁に0から9まで10種の数字を用い,9の次は上位桁に桁上りしてその桁は0となる.つまり10となる.いい換えると,10倍ごとに1桁ずつ桁が上がる数体系といえる.

たとえば,数字3 943は
$$3\,943 = 3 \times 10^3 + 9 \times 10^2 + 4 \times 10^1 + 3 \times 10^0$$
を意味していて,各桁の数字はその置かれた位置に対応した重みを持っている.この場合 10^3, 10^2, 10^1, 10^0 が各桁の重みである.

このようにそれぞれの桁は $A_n p^n$ の形で表されていて,p をその数体系の**基数**(Base, Radix) という.10進法では $p=10$ であり,A_n は0から $p-1$ の数である.

$p=2$, $A_n=(0, 1)$の数体系を **2進法** (Binary number system) といい,$p=8$, $A_n=(0, 1, 2, \cdots, 7)$を **8進法** (Octal number system),$p=16$, $A_n=(0, 1, 2, \cdots, 9, A, B, \cdots, E, F)$を **16進数** (Hexadecimal number system) という.

たとえば,10進法54を2進法で表すと
$$110110_B = 1 \times 2^5 + 1 \times 2^4 + 0 \times 2^3 + 1 \times 2^2 + 1 \times 2^1 + 0 \times 2^0$$
と示され,この1桁の0と1を Binary Digit といい,これを略して **bit** という.すなわち2進の1桁分を1ビット (bit) という呼び方をする.

このようにある数体系の数を他の数体系の数で表現できるが,さまざまな数体系が混在するとき,一般に2進数にB, 10進数にD, 8進にO, 16進にHをつけ

て表している．本章はデータ処理の解説が中心であるため添字を用い 1101_B，84_H のように表現している．なお3章以降はアセンブリ言語における記述の約束に従い，統一をとるため 1101 B，84 H と表記した．

2.2 数体系変換

2.2.1 数体系変換

ある数体系の数 N をこれと等価な他の数体系に変換するとき，N を整数部 N_1 と小数部 N_2 に分けて考える．ここではわかりやすく整数部のみ考えることにする．整数部 N_1 を p 進法で表すと

$$N_1 = A_n p^n + A_{n-1} p^{n-1} + \cdots + A_2 p^2 + A_1 p^1 + A_0 \tag{2・1}$$

この係数 A_n, A_{n-1}, $\cdots$, A_1, A_0 がわかればよいから（2・1）式の両方を p で割り，商 Q_0，余り r_0 とすると

$$\left. \begin{array}{l} Q_0 = A_n p^{n-1} + A_{n-1} p^{n-2} + \cdots + A_2 p + A_1 \\ r_0 = A_0 \end{array} \right\} \tag{2・2}$$

となり，余り r_0 より係数 A_0 が求められる．

同様にして Q_0 を p で割り，この余りから A_1 が求められ，以下これを繰り返して係数 A_2, A_3, $\cdots$, A_{n-1}, A_n が求められる．

たとえば，10進数 53_D を2進数に変換するには次のようにする．

```
              余り
    2 ) 53     1
    2 ) 26     0
    2 ) 13     1
    2 )  6     0
    2 )  3     1
         1
```

この余りを下からとった 110101_B が 53_D の 2 進法表示である．

次に 8 進数 765_O を同様な方法で 10 進数に変換してみよう．

10 進数に変換するには 10 で割ればよいが，変換する数は 8 進数なので 8 進法の計算をしなければならない．このため次のような計算になる．$10_D = 12_O$ であり，8 進法で $2 \times 6 = 14$ であることに注意して

```
         62              ⑤
    12 ) 765       12 ) 62
         74              62
         ─               ─
         25              ⓪
         24
         ─
         ①
```

となり，これから 501_D が得られる．

同様にして 2 進数を 10 進数に変換するには 2 進法の計算を要し，16 進数から 10 進数に変換するには 16 進数の計算を必要とする．しかし，このような計算にわれわれは慣れていないので不便である．このため一般には，次のように重みづけを用いて変換している．

$$765_O = 7 \times 8^2 + 6 \times 8^1 + 5 = 448 + 48 + 5 = 501_D$$
$$1F5_H = 1 \times 16^2 + 15 \times 16^1 + 5 = 256 + 240 + 5 = 501_D$$
$$111110101_B = 1 \times 2^8 + 1 \times 2^7 + 1 \times 2^6 + 1 \times 2^5 + 1 \times 2^4 + 0 \times 2^3 + 1 \times 2^2 + 0 \times 2^1 + 1$$
$$= 256 + 128 + 64 + 32 + 16 + 4 + 1 = 501_D$$

2.2.2　2進-8進-16進の変換

2 進数は 0 と 1 で表され，桁数が多くなると読みにくく間違いが起こりやすいので，これをわかりやすく表すために今まで取りあげた 8 進数と 16 進数が用いられる．

表2・1 をみてほしい．8 進数 1 桁 0～7 は点線で示したように 2 進数の 3 桁の数に相当している．

表2・1 10進,2進,8進,16進表示

10 進 数	2 進 数	8 進 数	16 進 数
0	0	0	0
1	1	1	1
2	10	2	2
3	11	3	3
4	100	4	4
5	101	5	5
6	110	6	6
7	111	7	7
8	1000	10	8
9	1001	11	9
10	1010	12	A
11	1011	13	B
12	1100	14	C
13	1101	15	D
14	1110	16	E
15	1111	17	F
16	10000	20	10

たとえば

$$12_O = 001\ 010_B$$

である。つまり8進の1桁を2進数3桁で表せばよい。

問題1 $501_D = 111110101_B$ を8進法で表せ。

【解答】

2進数を下位桁より3桁ずつに区切り8進数に対応させる。

```
111  110  101
 ↓    ↓    ↓
 7    6    5
```

すなわち

$$501_D = 111110101_B = 765_O$$

となる。

同様にして16進数0～Fは表2・1の一点鎖線で示したように2進数4桁の数に相当している。すなわち2進数4桁を16進数1桁に対応させればよい。

問題 2 $501_D = 111110101_B$ を 16 進法に変換せよ．

【解答】

2 進数を下位桁より 4 桁に区切り，それぞれを 16 進数に対応させる．

```
1    1111   0101
↓     ↓      ↓
1     F      5
```

すなわち

$$501_D = 111110101_B = 1F5_H$$

となる．

マイクロコンピュータではメモリアドレスを 2 進で表している．たとえば 10 ビットで表すことができる番地は 16 進で表すと $000_H \sim 3FF_H$ まで，つまり $0 \sim 1023_D$ 番地まで 1024 のアドレスを指定できる．

一般に 1024 の記憶場所を 1 K という．このようにビット数が多いデータの場合は，16 進表示するとわかりやすい．扱うデータも 8 ビット長や 16 ビット長のマイクロコンピュータが多いので，この面からも 16 進表示するほうが都合よくまた間違いも少ない．

2.3　2 進数の四則

2 進では使用する数字が 0 と 1 しかないので四則がきわめて簡単に行える．

1 加算　　1 が最大の数なので 1 + 1 は 0 と桁上げ 1 であることに注意して加算すればよい．

```
0 + 0 = 0
0 + 1 = 1
1 + 0 = 1
1 + 1 = 0 ……上位へ桁上げ 1
```

2 減算　　上位桁からの借りはその桁では $10_B (2_D)$ から減算することを意味する．

```
0 - 0 = 0
0 - 1 = 1 ……上位からの借り1
1 - 0 = 1
1 - 1 = 0
```

3 乗 算 10進の九九に比べ2進の積のルールはきわめて簡単になっている．

```
0 × 0 = 0
1 × 0 = 0 × 1 = 0
1 × 1 = 1
```

問題1　10進の演算　37×22＝814 を2進で表わせ．

【解答】

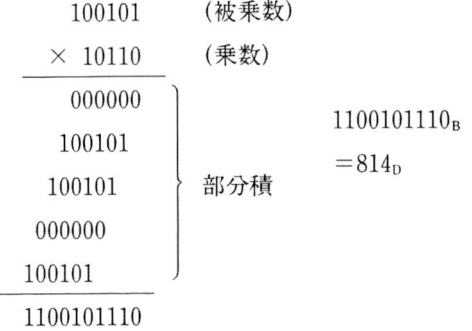

この計算方法を注意してみてほしい．最初乗数の最下位ビットが0のとき，何もしないでおき(0を部分積とし)，次の乗数のビットが1のとき，その桁の位置

まで被乗数を桁移動してそれまでの部分積に加えていく，つまり

$$\begin{array}{r} 000000 \\ +100101 \\ \hline 1001010 \end{array}$$

となる．さらに乗数の上位ビットが1のとき，この位置まで桁移動した被乗数を部分積に加える．

$$\begin{array}{r} 1001010 \\ +100101 \\ \hline 11011110 \end{array}$$

これを乗数の桁だけ繰り返していけば乗算結果が得られる．このことは乗算が桁移動と加算のみで行えることを意味している．

4 除 算 10進数と同様に被除数の最上位桁と除数の最上位桁を合わせて引算し，引ければ1，引けなければ0の商を得る．これを桁を下げて行い，引算ができなくなるまで繰り返す．このとき残った数が余りである．

$$\begin{array}{l} 0 \div 1 = 0 \\ 1 \div 1 = 1 \end{array}$$

2.4 論理演算

MPUには各種の論理演算命令があり，これを用いてデータの選択・検索・比較などに用いられている．ここでその性質をまとめて示しておく．

1 否定（NOT）論理

$$\left.\begin{array}{l} \overline{1} = 0 \\ \overline{0} = 1 \end{array}\right\} \qquad (2\cdot3)$$

が成立する場合，否定論理（NOT論理）という．

また，0と1の値をとる論理変換Aを考えるとNOT論理fは

$$f = \bar{A} \qquad (2\cdot4)$$

で表される．

2 論理和（OR 論理）

$$
\begin{rcases}
1+1=1 \\
1+0=1 \\
0+1=1 \\
0+0=0
\end{rcases}
\text{または}
\begin{rcases}
1 \vee 1=1 \\
1 \vee 0=1 \\
0 \vee 1=1 \\
0 \vee 0=0
\end{rcases}
\quad (2 \cdot 5)
$$

が成立する場合を OR 論理という．

次に論理変換 A，B を用いると，これらの論理和 f は

$$
\begin{rcases}
f = A + B \\
f = A \vee B
\end{rcases}
\quad (2 \cdot 6)
$$

または

のように示される．

いま，$A = (0000\ a_3 a_2 a_1 a_0)$ なるデータと $B = (b_7 b_6 b_5 b_4\ 0\ 0\ 0\ 0)$ なるデータとの OR を取る場合は，それぞれのビットごとに 8 組の論理和を行うと，

$$
\begin{array}{rl}
A & 0\ 0\ 0\ 0\ a_3 a_2 a_1 a_0 \\
B & b_7 b_6 b_5 b_4\ 0\ 0\ 0\ 0 \\ \hline
A \vee B & b_7 b_6 b_5 b_4 a_3 a_2 a_1 a_0
\end{array}
\quad \cdots\cdots \text{データ A とデータ B の内容の OR となる}
$$

となり，データの一部分に他のデータを置いたり，特定のビットを 1 にしたりするとき用いられる．

3 排他的論理和（EXOR 論理）

論理和の一種であるが

$$
\begin{rcases}
1 \oplus 1 = 0 \\
1 \oplus 0 = 1 \\
0 \oplus 1 = 1 \\
0 \oplus 0 = 0
\end{rcases}
\text{または}
\begin{rcases}
1 \veebar 1 = 0 \\
1 \veebar 0 = 1 \\
0 \veebar 1 = 1 \\
0 \veebar 0 = 0
\end{rcases}
\quad (2 \cdot 7)
$$

が成立する場合を排他的論理和（EXOR）という．

また，論理変数 A，B を用いると，これらの排他的論理和 f は

$$
\begin{rcases}
f = A \oplus B \\
f = A \veebar B
\end{rcases}
\quad (2 \cdot 8)
$$

または

となる．

排他的論理和は次の例のようにレジスタの内容を 0 にクリアしたり，データの

否定を取るときや特定のビットを反転するときに用いる.

```
      A    00100110   ……クリアしたいレジスタ内容
      A    00100110   ……同じデータとEXORをとる
    A∀A   00000000   ……すべてが0にクリアされる


      A    00110101   ……反転したいデータA
      B    11111111   ……反転用マスクビット
    A∀B   11001010   ……データAが反転する
```

4 論理積（AND 論理）

$$
\left.\begin{array}{ll}
1 \cdot 1 = 1 & 1 \wedge 1 = 1 \\
1 \cdot 0 = 0 & 1 \wedge 0 = 0 \\
0 \cdot 1 = 0 \quad \text{または} \quad & 0 \wedge 1 = 0 \\
0 \cdot 0 = 0 & 0 \wedge 0 = 0
\end{array}\right\} \tag{2・9}
$$

が成立する場合をAND論理という.

論理変数 A，B が与えられた場合，AND 論理 f は

$$
\left.\begin{array}{l}
f = A \cdot B \\
\text{または} \quad f = A \wedge B
\end{array}\right\} \tag{2・10}
$$

と示される.

このAND論理は次の例のようにデータの特定ビットを残し，その他のビットを0にする（マスクする）とき用いたり，特定のビットのみクリアするとき用いることが多い.

データAの上位4ビットをデータBにてマスクする場合

```
      A    00110101   ……マスクされるデータ
      B    00001111   ……上位4ビットをマスクするマスクデータ
    A∧B   00000101   ……上位4ビットがマスクされたデータ


      A    00110111
      B    11111110   ……最下位桁を0クリアするマスクデータ
    A∧B   00110110
                ⋮………このビットがクリアされた.
```

2.5 負の数の表現

2.5.1 補数

1 10補数と2補数

n桁のP進整数Nにおいて

$$P^n - N \tag{2・11}$$

で負の数を表す.

10進数の場合

$$10^n - N \tag{2・12}$$

であり,これを **10の補数** または **10補数** という.

たとえば,123の10の補数は

$$1\,000 - 123 = 877$$

である.

2進数の場合は

$$\underbrace{100\cdots00}_{n桁} - N \tag{2・13}$$

を **2の補数** または **2補数** という.

たとえば,0010110,11100の2補数は

$$10000000 - 0010110 = 1101010$$
$$100000 - 11100 = 00100$$

となり,この結果をみていると,2の補数の作り方がわかる.

つまり,2補数の作り方は下位桁から上位桁へ1が見つかるまでそのままの数を置き,はじめに出てきた1のビットはそのままとし,それより上位にある0と1のビットをすべて反転するとよい.

2 9補数と1補数

$$(P^n - 1) - N \tag{2・14}$$

で負の数を表す.

10進数ではこれを **9の補数** または **9補数** という.

たとえば，123 の 9 補数は

$$(1000-1)-123=999-123=876$$

であり，この方法の特徴は，どの桁も 9 に対する補数をとればよいので補数回路が作りやすいことにある．

一方，2 進数の場合は **1 の補数**または **1 補数**という．
たとえば，0010110 と 11100 の 1 補数は

$$(10000000-1)-0010110$$
$$=1111111-0010110=1101001$$
$$(100000-1)-11100=11111-11100=00011$$

これらの式から，1 の補数は各桁の 0 と 1 を反転すれば求められることがわかる．

2.5.2　2 進数における負数の表し方

計算機で正負の数を扱うとき，一般に次の 3 通りの表し方が考えられる．

1　絶対値と符号で表す方法　いま計算機で扱えるデータ長が 8 ビットに限定されていると仮定する．このとき特定の桁を決め，その桁が

$$\begin{cases} 0 \text{なら} & +（\text{プラス}） \\ 1 \text{なら} & -（\text{マイナス}） \end{cases}$$

と決める．このビットを符号ビット (sign bit) といい，一般には最上位に置かれる（10 進の場合は最下位に置くことが多い）．

たとえば，+12, −12 をこの方法で表すと次のようになる．

```
+12      0 0001100
-12      1 0001100
          ……符号ビット
```

この方法は加減算を行う場合，二つの数の符号を調べて加算するか減算するかを決めたり，結果の符号の判定など面倒である．

2　負の数を 2 補数で表す方法　負数を表現するのに 2 補数を用い，正の数はそのままの形式で表す方法である．たとえば，データ長 8 ビット，最上位ビットを符号ビットとすると

$12_D = 00001100_B$ の 2 補数は

$$00001100 \xrightarrow{2\text{補数}} 11110100$$

であり，これを（-12_D）とする．すなわち，

+12　　0 0001100
-12　　1 1110100
　　　　……符号ビット

となる．

8ビットデータをこの方法で表すと表 2・2 のように $-128 \sim +127$ まで 256 の正負の数を表現できる．このとき負数は元の数の2補数となっていて直接読み取れない．

表 2・2

+127	0 1111111
+126	0 1111110
〜	
+2	0 0000010
+1	0 0000001
0	0 0000000
-1	1 1111111
-2	1 1111110
〜	
-126	1 0000010
-127	1 0000001
-128	1 0000000
	…符号ビット

3　**1の補数による表現**　　負数を1の補数で表す方法で，データ長8ビットのデータとすると

+12　　0 0001100
-12　　1 1110011
　　　　……符号ビット

のように表し，この場合も負数の数値は直接読み取れない．

2.5.3　補数を用いた加減算

1　**2補数の場合**　　負数を2補数で表した場合

$$(+12) + (-6) = +6$$

を 2 進数 8 ビットで演算すると

$$\begin{array}{r} 0\ 0001100\ \ (+12) \\ +1\ 1111010\ \ (-6) \\ \hline 10\ 0000110\ \ (+6) \end{array}$$
⋮……無視, 符号は(+)

この結果は符号ビットが 0, すなわち正の数になっていて直接 +6 が読み取れる.
次に (−12)+(+6)=−6 の場合は

$$\begin{array}{r} 11110100\ \ (-12) \\ +00000110\ \ (+6) \\ \hline 11111010\ \ (-6) \end{array}$$
⋮……符号は負

結果は負の数であるから, 2 補数で表されていて −6 を示している. しかも負の数を 2 補数で表す方法なのでこのままでよい. もし, 値が知りたいなら再補数化すればよい. すなわち,

$$1111010 \xrightarrow{\text{2 補数}} -0000110$$

で −6 が得られる.

　この方法は符号が演算でき, また加算と減算がまったく同一方法で計算できる利点がある.

2　**1 補数の場合**　　1 の補数の場合, 演算結果が正なら本来の解に対し 1 が不足しているので得られた結果に 1 を加えなければならない. この場合, 必ず演算数の桁より上位へ桁上りがあるからこれを利用して最下位に加えている. これを循環桁上げ (end-around carry) という.

2.6　データの表現方法

　日常, われわれが取り扱う数は 10 進法であり, 0～9 までの数字を用いている. 一方, 計算機は 2 進法によってデータを扱っているから, 10 進数を計算機に扱わせるためには, 10 進数を 0 と 1 からなる符号に直さなければならない. しかも,

0～9 まで 10 通りの数字があり，この情報量は $\log_2 10 = 3.32$ 〔bit〕なので，4 ビット以上ないと表現できない．

この 10 進符号にはいろいろな種類があるが，ここでは表 2・3 に示したような
① 2 進化 10 進符号（Binary Coded Decimal Code：BCD code）
② 3 増しコード（Excess 3 Code）
③ 2-4-2-1 コード

について説明する．

表 2・3　10 進符号とその 9 補数

10進数	BCD コード	BCDの 9 補数	3増し コード	3増しコードの9補数	2, 4, 2, 1 コード	2, 4, 2, 1 の 9 補数
0	0000	1001	0011	1100	0000	1111
1	0001	1000	0100	1011	0001	1110
2	0010	0111	0101	1010	0010	1101
3	0011	0110	0110	1001	0011	1100
4	0100	0101	0111	1000	0100	1011
5	0101	0100	1000	0111	1011	0100
6	0110	0011	1001	0110	1100	0011
7	0111	0010	1010	0101	1101	0010
8	1000	0001	1011	0100	1110	0001
9	1001	0000	1100	0011	1111	0000

1　2 進化 10 進符号　10 進数を表現するために 4 ビットの 2 進数を考え，これを 10 進数に対応させたものである．

BCD 符号を用いて 3 桁の 10 進数 246 を表した場合と 2 進数で表した場合の例を示すと次のようになる．

```
0010  0100  0110      BCDコード
 ‖     ‖     ‖
 2     4     6
       11110110_B      2進数
```

この符号は 2 進数が 4 ビットで表現できる 1010 から 1111 までを用いないため 2 進に比べるとやや非能率的であるが，4 ビットを単位として取り扱うなら 10 進と 2 進の変換が不要となるメリットがある．また，各桁が上から 8-4-2-1 の重みを持つので，8-4-2-1 コードともいう．

この符号の9補数は，表2・2のようになり他の10進符号より作り方が面倒である．

2 **3増し符号**　表2・2に示した符号でBCDコードに3を加えた符号である．この符号の特徴は，4ビット全部が0にならないから0と無信号の区別ができること，9補数が$0\to1$，$1\to0$に変換するのみで得られること，重みづけがないのでわかりにくいなどがあげられる．

3 **2-4-2-1符号**　この符号も補数が作りやすいという点と，各桁が2-4-2-1の重みづけを持っているので符号から直接10進数が読み取れる特徴があるが，加減則に2進数のルールを使用できないので不便である．

　以上の符号のほか，通信系に用いられる5から2符号やグレイ符号などがあるが，わかりやすさなどから一般に計算機ではBCDコードが用いられている．

2.7　文字符号

　コンピュータで扱うデータは数字だけでなくアルファベットA〜Zや+，−，?，/のような特殊記号，さらにはカナ文字などの記号がある．
　これらのデータのビット長を表す単位に次のような呼び方がある．

- ビット（bit）……2進1桁をいう
- バイト（byte）……8ビットで構成される長さをいう
- 語（word）……バイトの集まりで構成されるデータ長をいう．

　さて，これらのデータを符号化するために少なくとも6ビット（$2^6=64$通り）が必要であるが，現在は主に次に述べる符号が用いられている．

1 **EBCDIC符号**（Extended Binary-Coded-Decimal Interchange Code）
　これは表2・4のように8ビットを用いて数字，英字，特殊記号，カナ文字などを表す．表現できる文字の種類が多いのと，符号の8ビット長が10進数2桁になっていて取扱いが便利である．

表2・4　EBCDICコード

b8				0	0	0	0	0	0	0	0	1	1	1	1	1	1	1	1
b7				0	0	0	0	1	1	1	1	0	0	0	0	1	1	1	1
b6				0	0	1	1	0	0	1	1	0	0	1	1	0	0	1	1
b5				0	1	0	1	0	1	0	1	0	1	0	1	0	1	0	1
b4	b3	b2	b1																
0	0	0	0	NUL				SP	&	-			ソ						0
0	0	0	1							/			ア	タ		A	J		1
0	0	1	0										イ	チ	ヘ	B	K	S	2
0	0	1	1										ウ	ツ	ホ	C	L	T	3
0	1	0	0	PF	RES	BYP	PN						エ	テ	マ	D	M	U	4
0	1	0	1	HT	NL	LF	RS						オ	ト	ミ	E	N	V	5
0	1	1	0	LC	BS	EOB	UC						カ	ナ	ム	F	O	W	6
0	1	1	1	DEL	IL	PR	EOT						キ	ニ	メ	G	P	X	7
1	0	0	0										ク	ヌ	モ	H	Q	Y	8
1	0	0	1										ケ	ネ	ヤ	I	R	Z	9
1	0	1	0					~	!	∧	:	コ	ノ	ユ	レ				
1	0	1	1					.	¥	,	#				ロ				
1	1	0	0					<	*	%	@	サ		ヨ	ワ				
1	1	0	1					(	)	_	'	シ	ハ	ラ	ン				
1	1	1	0					+	;	>	=	ス	ヒ	リ					
1	1	1	1					|	¬	?	"	セ	フ	ル					

b9 ↑ パリティ・ビット

(注)　たとえば，Aのコードは11000001である．

2 情報交換用符号　ISO (International Organization for Standardization) において，情報交換用符号として作成された符号で，主要部分は各国共通であるがその国独自に定めてよい部分がある．また，シフトアウト側が定められていないのでここに各国の文字を用いることができる．

わが国では表2・5に示すように¥記号や#記号，カナ文字を持つJISコードが用いられている．

2.7 文字符号

表2・5 情報交換用符号

b7	b6	b5	b4	b3	b2	b1	b0	SHIFT IN 側								SHIFT OUT 側							
							b6	0	0	0	0	1	1	1	1	0	0	0	0	1	1	1	1
							b5	0	0	1	1	0	0	1	1	0	0	1	1	0	0	1	1
							b4	0	1	0	1	0	1	0	1	0	1	0	1	0	1	0	1
				0	0	0	0	NUL	DLE	SP	0	@	P		p			SP	—	タ	ミ		
				0	0	0	1	SOH	DC_1	!	1	A	Q	a	q			。	ア	チ	ム		
				0	0	1	0	STX	DC_2	"	2	B	R	b	r			「	イ	ツ	メ		
				0	0	1	1	ETX	DC_3	#	3	C	S	c	s			」	ウ	テ	モ		
				0	1	0	0	EOT	DC_4	$	4	D	T	d	t			、	エ	ト	ヤ		
				0	1	0	1	ENQ	NAK	%	5	E	U	e	u			・	オ	ナ	ユ		
				0	1	1	0	ACK	SYN	&	6	F	V	f	v	(未定義)	(未定義)	ヲ	カ	ニ	ヨ	(未定義)	(未定義)
				0	1	1	1	BEL	ETB	'	7	G	W	g	w			ア	キ	ヌ	ラ		
				1	0	0	0	BS	CAN	(	8	H	X	h	x			イ	ク	ネ	リ		
				1	0	0	1	HT	EM	)	9	I	Y	i	y			ウ	ケ	ノ	ル		
				1	0	1	0	LF	SUB	*	:	J	Z	j	z			エ	コ	ハ	レ		
				1	0	1	1	VT	ESC	+	;	K	[	k	{			オ	サ	ヒ	ロ		
				1	1	0	0	FF	FS	,	<	L	¥	l	|			ヤ	シ	フ	ワ		
				1	1	0	1	CR	GS	-	=	M	]	m	}			ユ	ス	ヘ	ン		
				1	1	1	0	SO	RS	.	>	N	^	n	~	SO		ヨ	セ	ホ			
				1	1	1	1	SI	US	/	?	O	_	o	DEL	SI		ッ	ソ	マ			DEL

↑パリティ・ビット

一般に ISO コードはコンピュータ間の情報伝送に用いられ，内部で扱う符号は汎用計算機では EBCDIC が主に使用されているが，マイクロコンピュータでは ASCII コードをそのまま内部コードとして用いることが多い．

表 2・4，2・5 においてパリティ・ビットとあるのは，符号に 1 ビットの冗長性を持たせて，1 ビットの誤りの検出をするために付加するビットである．

アメリカの場合は，表 2・6 に示す **ASCII**(American Standard Code for Information Interchange) コードが用いられている．

表2・6　ASCIIコード

b6					0	0	0	0	1	1	1	1
b5					0	0	1	1	0	0	1	1
b4					0	1	0	1	0	1	0	1
b3	b2	b1	b0									
0	0	0	0		NUL	DEL	SP	0	@	P	'	p
0	0	0	1		SOH	DC1	!	1	A	Q	a	q
0	0	1	0		STX	DC2	"	2	B	R	b	r
0	0	1	1		ETX	DC3	#	3	C	S	c	s
0	1	0	0		EOT	DC4	$	4	D	T	d	t
0	1	0	1		ENQ	NAK	%	5	E	U	e	u
0	1	1	0		ACK	SYN	&	6	F	V	f	v
0	1	1	1		BEL	ETB	'	7	G	W	g	w
1	0	0	0		BS	CAN	(	8	H	X	h	x
1	0	0	1		HT	EM	)	9	I	Y	i	y
1	0	1	0		LF	SUB	*	:	J	Z	j	z
1	0	1	1		VT	ESC	+	;	K	[	k	|
1	1	0	0		FF	FS	,	<	L	\	l	:
1	1	0	1		CR	GS	−	=	M	]	m	|
1	1	1	0		SO	RS	.	>	N	↑	n	~
1	1	1	1		SI	US	/	?	O	−	o	DEL

b7 ↑ パリティ・ビット

第3章

マイコンの基本構成と動作

この章では，まずすべてのマイコンに共通するハードウェアの基本構成と各構成要素の機能を知り，次にプログラムがどのように処理されるかを学ぶことにする．

3.1 マイコンの基本構成

図3・1は，マイコンの一般的なハードウェア構成図である．第1章の図1・4に示したコンピュータの構成図が，コンピュータの機能を示すことを主眼としているのに対し，図3・1は実際のハードウェアに即した構成図である．図1・4の演算装置と制御装置を図3・1では演算部と制御部と記したのは，マイコンでは両者が1個のLSIすなわちMPUとなっているからである．また，マイコンに接続される入出力装置は多種多様なものがあるので，以後は**入/出力機器**と呼ぶことにする．

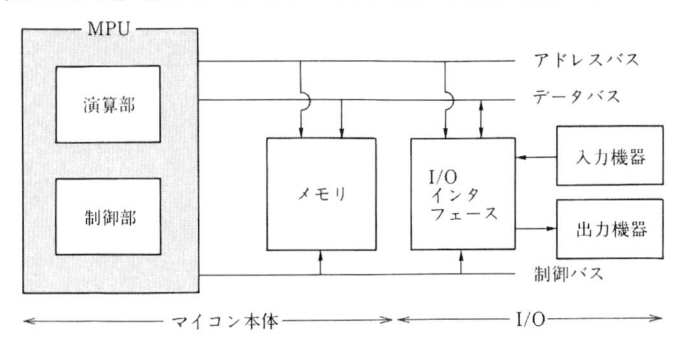

図3・1 マイコンの基本構成

マイコン本体を構成するMPU，メモリ，さらにI/OインタフェースのMPU側の部分は，"1"と"0"からなる2値情報を扱う複雑な論理回路からなりたっている．またこれら三つの要素をつなぐアドレスバス，データバス，制御バスは，各要素間でのデータの授受を行うための信号線である．

第1章の復習の意味を兼ねて，各要素の機能の概略を次に示す．

- MPU……メモリに格納されているプログラムの実行を行う．
    - 演算部：入力機器から入力されたデータや，メモリから取り出されたデータに対し，さまざまな演算操作を行う．
    - 制御部：メモリから，命令を順番に取り出し，その命令に従って，演算部，メモリ，I/Oインタフェースに対し指令を与える．
- メモリ……プログラムとプログラムで処理されるデータを記憶する．
- I/Oインタフェース……さまざまな入出力機器とMPUとの間で正しくデータが授受されるように整合を行う．

以上を図3・1に即して表したのが図3・2である．ここで演算部，メモリ，I/Oインタフェースは，制御部の指示によってのみその機能を果たすことに注意されたい．以後，MPUがメモリやI/Oインタフェースに対して，〜するという表現を用いることがあるが，正確には「MPUの制御部が」の意味である．

図3・2において，MPUとメモリの間で授受されるデータや命令，およびMPUとI/Oインタフェースの間で授受されるデータの転送経路として，図3・1のデー

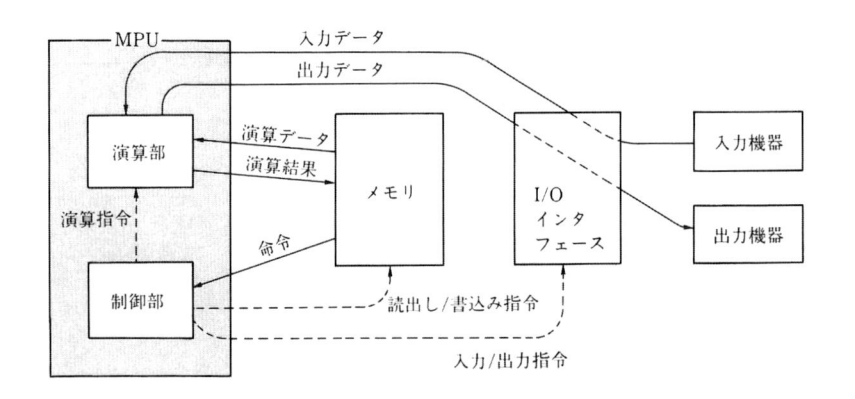

図3・2　各要素間の関係

タバスが用いられる．さらに，MPUがメモリやI/Oインタフェースに対して与える制御指令のために，図3・1のアドレスバスと制御バスが用いられる．

では次に，メモリ，MPU，I/Oインタフェースの順に，その仕組みと働きを詳しく学ぶことにする．

3.2 メモリ

メモリは，プログラムも含めデータを大量に記憶するもので，MPUからの指令により，以前に記憶させたデータを取り出したり，新たなデータを記憶させることができる．ここでは，メモリの論理的な構成と動作を明らかにする．

メモリからデータを取り出すことを**読出し動作**（Read動作），メモリにデータを記憶させることを**書込み動作**（Write動作）という．そしてメモリに対しReadまたはWriteすることを**アクセス**するという．

メモリは，図3・3のように一回のアクセス動作で，同時に読み出したり，書き込まれるデータの記憶単位（通常1バイト）ごとに，0から始まる番号が付けられていて，これを**メモリ番地**（メモリアドレス）という．メモリにアクセスする際には必ずアドレスを指定する必要がある．なお，アドレスの振り付けられた個々の記憶域のことを**メモリロケーション**と呼ぶ．

MPUとメモリの間は，図3・1でも示したように，次の①～③の信号線で結ばれる．

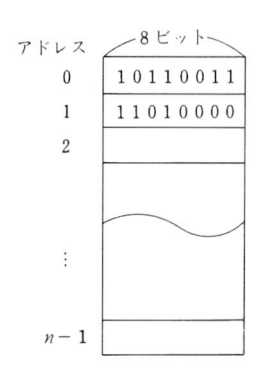

アドレス	8ビット
0	10110011
1	11010000
2	
⋮	
n−1	

図3・3 メモリの概念

① MPUがメモリから読み出したデータを受け取ったり，メモリに書き込むデータを与えるためのデータ線（データバスに対応）．
② MPUがメモリの何番地に対してアクセスするかをメモリに知らせるアドレス線（アドレスバスに対応）．
③ MPUがメモリに対し，読出しを指示するのか，書込みを指示するのかを知らせる制御線（制御バスに対応）．

そして，メモリからデータを読み出すときには，読み出したいメモリロケーションのアドレスをアドレス線に与え，読出し信号を与えると，該当するメモリロケーションに記憶されていた内容が，データ線上に現れる（図3・4）．

また，メモリにデータを書き込むときには，書き込みたいメモリロケーションのアドレスをアドレス線に，書き込むべきデータをデータ線に与え，書込み信号を与えると書込みが行われる．なお，読出し動作によってもとの記憶内容は変わらないで残っている（図3・5）．

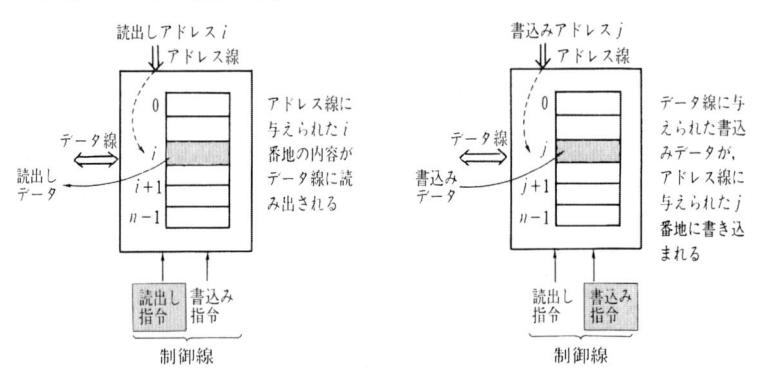

図3・4　メモリの読出し動作　　図3・5　メモリの書込み動作

■**メモリ容量**　メモリ全体で記憶できるデータ量をメモリ容量といい，通常バイトを単位で表す．アドレスとの関係でいえば，アドレスは0から始まるから，最高番地の値に1を加えた値がメモリ容量になる．なお，1Kバイトは1000バイトではなく，1024（2^{10}）バイトの意味で用いられる．したがって，メモリ容量が64Kバイトとは，64×1024＝65536バイト（＝10000H）を意味し，最高アドレスは，65535（FFFFH）となる．

■**RAMとROM**　メモリは，これまで説明してきた読出し動作も書込み動作も

できるタイプ (RAM：Random Access Memory) のほかに，読出し動作しかできないタイプ(ROM：Read Only Memory)があり，用途に応じて使い分けられる．RAM は，一般に電源を OFF にすると記憶情報が消滅してしまうのに対し，ROM は消滅しない．このことから，ROM は機器の制御機能として組み込まれる制御用マイコンのプログラムや固定データを格納するのに用いられる．なお，ROM に格納されるプログラムのことを**ファームウェア** (Firm Ware) と呼ぶことがある．

これに対し RAM は，入/出力データや演算結果などの可変データを格納するのに用いられる．なおパソコンなどでは，プログラムは可変でなければならないから，プログラムの格納にも RAM が用いられる．

次に命令の処理を行う MPU の機能を明らかにするのであるが，そのためには命令自身の意味や構成を知らなければならない．そこでまず命令について学んだ後に MPU に進むことにする．

3.3 命令の種類と構成

マイコンに何かの仕事を行わせるには，プログラムが必要であり，プログラムとは，マイコンのハードウェア (MPU, メモリ, I/O) に対してある動作を指示する命令を組み合わせたものであることはすでに学んだ．

どんなマイコンにも，数十以上の命令が備わっている．このマイコンに固有の命令のことを**機械語命令**と呼ぶ．それらの一つひとつは単純な働きでしかないが，それらを順序よく組み合わせること，すなわちプログラムを作ることによって人間や機械にとって意味のある仕事をさせることができる．

命令の代表例を次に記すが，これらに共通していえることはどの命令も，何々せよというデータに対する操作を指示する情報と，操作の対象となるデータの所在を示す情報からなりたっているということである（図3・6）．

- ～からデータを入力せよ．
- ～へデータを出力せよ．

操作の指示	対象となるデータの所在

図3・6 命令の構成要素

● ～のデータと～のデータを加算せよ．

ここで，～は入力機器や出力機器のどれか，メモリのどこかのアドレスあるいは CPU 内にあるレジスタのどれかと考えてよい．

このうち操作の指示を表す部分を**命令コード**とか**オペレーションコード**（略してオペコードまたは OP コード）と呼ぶ．また，データの所在を示す部分を**アドレス部**と呼ぶ（図 3・7）．

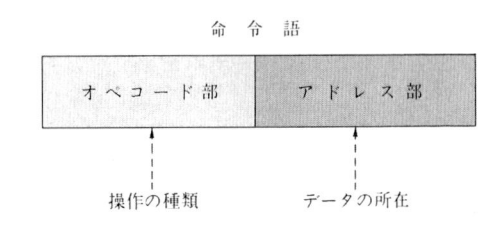

```
           命 令 語
    ┌──────────┬──────────┐
    │ オペコード部 │ アドレス部 │
    └──────────┴──────────┘
         │              │
      操作の種類      データの所在
```

図 3・7　命令の一般形

なお，操作の対象となるデータのことを**オペランド**というので，アドレス部のことをオペランド部ということもある．

さて命令も一種の情報であるから，当然"1"と"0"の組合せで表現される．当然のことながら，各命令ごとにその命令コードの"1"と"0"の組合せが異なるように定められている．そして一つの命令のサイズ（ビット数）は，命令の種類によって異なるが，多くの MPU では通常 1～4 バイトのいずれかである．

```
番地    メモリ
 0   11011011   オペコード ┐
 1   00000001   アドレス部 ┘ 入力命令
 2   11000110   オペコード ┐
 3   00001111   アドレス部 ┘ 加算命令
 4   11010011   オペコード ┐
 5   00000010   アドレス部 ┘ 出力命令
          ～
```

図 3・8　メモリに格納された命令群

3.3 命令の種類と構成

図3・8は，第4章で学ぶZ80の入力命令，加算命令，出力命令(いずれも2バイト命令) の順にメモリ内に格納されている状態を示す．命令を表すのに，0と1の並びで記述するときわめて効率が悪いので，図3・9のように16進数に変換して表したり，さらに進んで，人間にとって意味がわかりやすいようにオペコード部を英語の短縮形で表すことが行われる．その場合前の二つの表し方を**機械語表現**というのに対し，最後の表し方を**ニーモニック表現**という．

	機械語表現		ニーモニック表現	〈意味〉
	2進表現 オペコード アドレス部	16進表現 オペコード アドレス部		
入力命令	11011011 00000001	DB 01	IN A, (01)	…1番目の入力機器からAレジスタに入力せよ
加算命令	11000110 00001111	C6 0F	ADD A, 0FH	…Aレジスタに15を加えよ
出力命令	11010011 00000010	D3 02	OUT (02), A	…Aレジスタの内容を2番目の出力機器に出力せよ

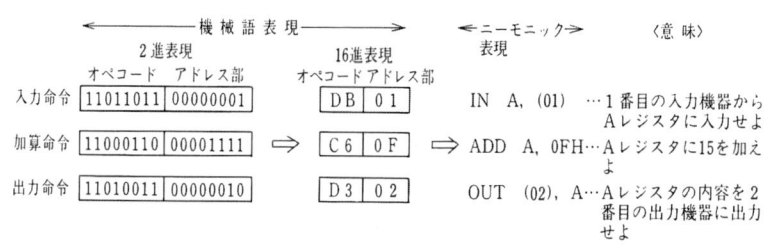

図3・9 命令の表現法

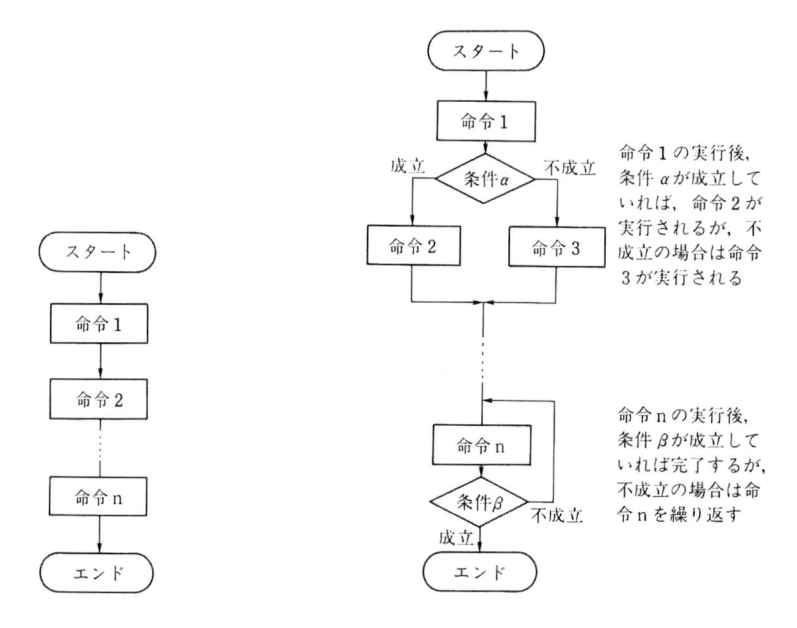

図3・10 常に定まった処理しかできない単純なプログラム

図3・11 条件によって処理の流れが変わる複雑なプログラム

命令1の実行後，条件αが成立していれば，命令2が実行されるが，不成立の場合は命令3が実行される

命令nの実行後，条件βが成立していれば完了するが，不成立の場合は命令nを繰り返す

さて，このような命令群をメモリに格納しておいてからマイコンにプログラムの実行を指示すると，低い番地の命令から順番に実行される．しかし，このようなデータを処理する命令しかないとすれば，プログラムを作っても単に図3・10のような縦一本の定まった仕事しか行わせることができない．これに対し，図3・11のような条件によって異なった処理を行わせるためには，プログラムの流れを変える命令が必要になる．この命令のことを一般に**ジャンプ命令**と呼んでいる．

ジャンプ命令は図3・12のような形式をとる．

オペコード部	アドレス部
プログラムの流れを変える条件を指定	条件が成立したときに，どの番地の命令にジャンプするかを指定

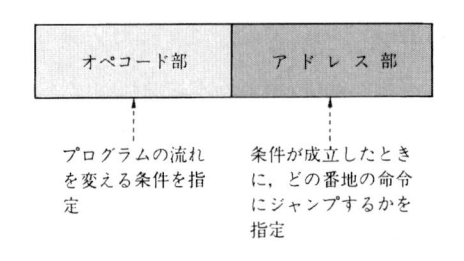

図3・12 ジャンプ命令の構成

以上をまとめるとマイコンの命令には，
① データを操作する命令
② プログラムの流れを変える命令

の2種類があり，後者の命令があることにより，判断による分岐や繰返しを含む複雑なプログラムが作れ，マイコンの性能が生かされることに注意しておこう．

3.4 MPU

3.4.1 モデルMPUと命令セット

どんなマイコンであっても，3.2節で説明したメモリは，機能が単純であるのでその構成には大差がない．それに対して，演算部と制御部をLSI化したMPUの仕組みと内部の構成は，各メーカの製品ごとに大きく異なっている．本書は，Z80についての解説を行うものであるが，Z80に入る前に，どんなMPUにも共通する基本構成とその働きを理解するために，単純なモデルMPUについて説明する．

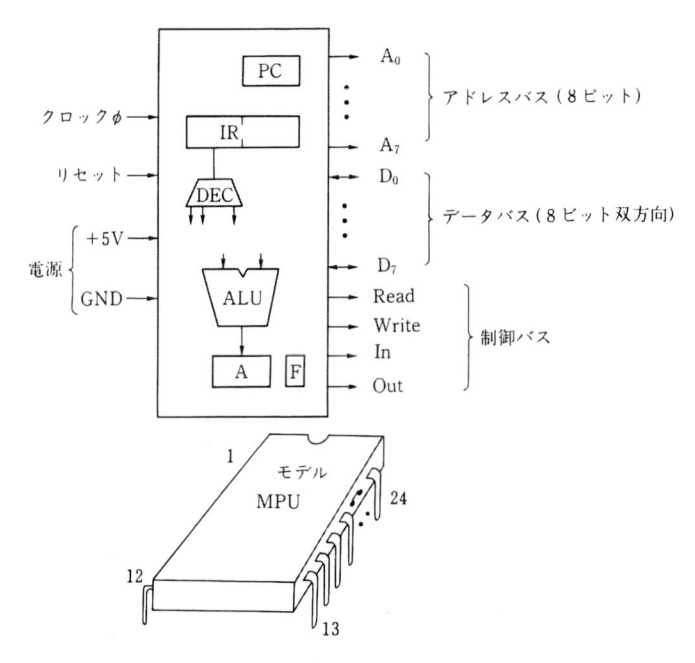

図3・13 モデルMPUの外観と端子信号

図 3·13 はモデル MPU の外観図と端子信号を示す.

24 ピンの信号端子のうちアドレスバス(8)とデータバス(8)と制御バス(4)は,この MPU と接続するメモリや I/O インタフェースとの間でのデータの授受のために用いられる. クロック信号 ϕ とリセット信号 RESET の意味は後に述べる.

この MPU の語長すなわち,一つの命令で処理されるデータのサイズは 8 ビットでありデータバスの幅に等しい. またアドレスバスの幅は 8 ビットであるから,この MPU に接続できるメモリの容量は,256 (2^8) バイトである. この MPU に備わっている命令はすべて 2 バイト長で,オペコード部とアドレス部のそれぞれ 1 バイトずつからなる(図 3·14).

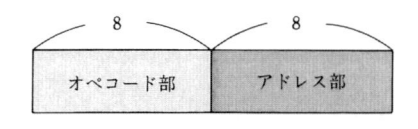

図 3・14 命令の形式

表3·1にこのMPUのすべての命令（命令セット）を示す．表中のmは1バイトの値（0～255）であり，(m)はm番地のメモリの内容を意味する．また，nは入出力機器の番号（0～255）を表す．Aレジスタは，後で詳しく学ぶが，演算部の中にあって，演算処理の中心になるレジスタである．

表3・1　MPUの命令セット

命令の種類	ニーモニック表現	機械語形式 オペコード / アドレス部		意　味
転送命令1	LD　A,（m）	01	m	メモリのm番地の内容をAレジスタに転送せよ
転送命令2	LD　（m），A	02	m	Aレジスタの内容をメモリのm番地に転送せよ
加算命令1	ADD　A,（m）	03	m	メモリのm番地の内容をAレジスタに加えよ
加算命令2	ADD　A, m	04	m	mをAレジスタに加えよ
入力命令	IN　A,（n）	05	n	n番目の入力機器から，Aレジスタに入力せよ
出力命令	OUT　（n），A	06	n	n番目の出力機器へ，Aレジスタの内容を出力せよ
ジャンプ命令1	JP　m	07	m	次はm番地の命令から実行せよ
ジャンプ命令2	JP　Z, m	08	m	加算の結果Aレジスタが0ならば，m番地の命令から実行せよ，0でなければ，次の命令に進め

なお，加算命令には1，2の二つがあるが，その違いは次のとおりである．

ADD　A,（100）　……100番地の内容をAレジスタに加えよ．
ADD　A,　100　……100をAレジスタに加えよ．

ここで，前節までの復習も兼ねて，このMPUを用いて構成したマイコンの構成を図3·15に示しておく．なお，インタフェースについては後述する．

さて，命令は機械語の形式でメモリに格納しておく必要があるが，その状態を図3·16に示す．同図(a)～(c)は，ADD　A,（100）命令が9番地から格納されており，また100番地には，加数データとして15が格納されている様子を，それぞれ10進，2進，16進表示で示す．(a)～(c)はすべて同じことを表現しているが，以後は原則として，メモリアドレスおよび各メモリアドレスの内容とともに16進数で表すことにする．ただし，メモリの内容が命令ではなく，データの場合は意味を

3.4 MPU 45

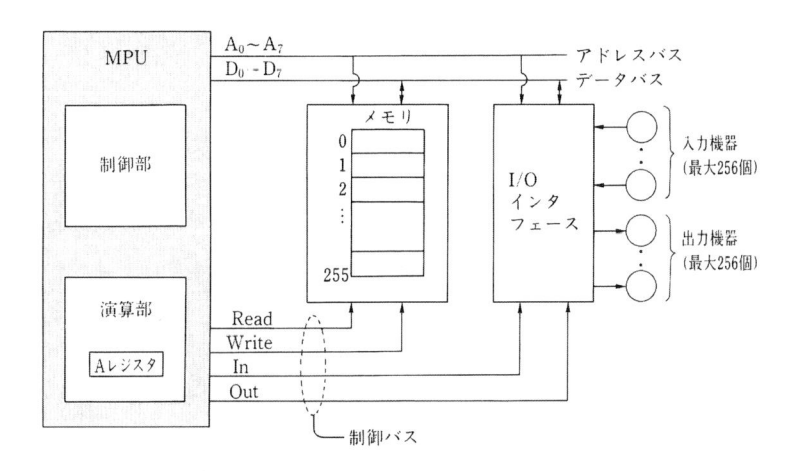

図3・15 モデルMPUを用いたマイコンの構成

〈ニーモニック表現〉
ADD A, (100)

(a) 10進表現　　(b) 2進表現　　(c) 16進表現

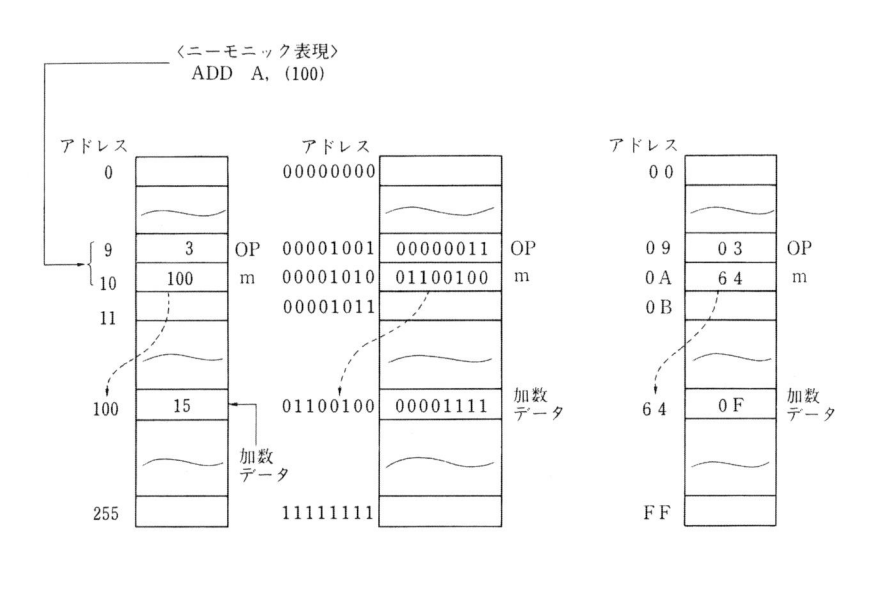

図3・16 メモリに格納された命令やデータの表現

取りやすくするため 10 進数や文字で表現する場合もある．

3.4.2 モデル MPU の構成

図 3・17 はモデル MPU とメモリからなるマイコン本体の概念図である．MPU の働きは図のメモリに格納されている命令群（プログラム）を順番に処理していくことであり，具体的には，一つずつ命令を制御部に取り出し，一つの命令の実行が終われば，次の高い番地に格納されている命令を取り出すという逐次制御を行う（図 3・18）．

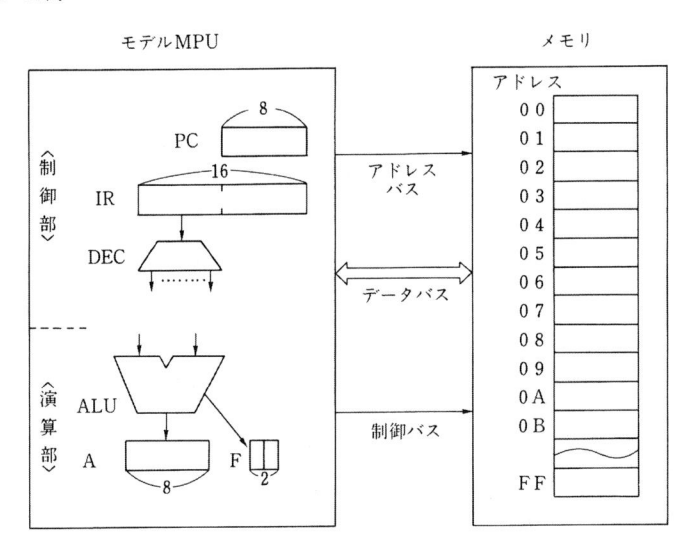

図 3・17 モデルマイコン本体の機能構成

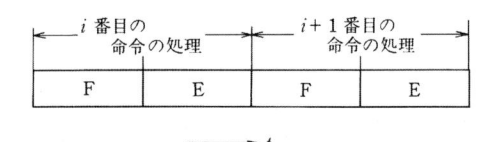

F：Fetch（取出し）動作
E：Excute（実行）動作

図 3・18 逐次制御

このように，次々と命令を取り出す動作のために必要なものが制御部に設けられた**プログラムカウンタ**（Program Counter：PC）である．PC は，MPU が次に取り出すべき命令の格納番地を記憶するもので，命令の 1 バイト分を取り出すごとにその値は+1 される．したがって，メモリの低い番地から高い番地の順番に命令が処理されていくことになる．このように PC の働きによって，コンピュータの動作の基本である命令の逐次制御が容易に実現されていることを十分に理解しておこう．

次に，取り出した命令に従って各部に制御信号を与えて実行するには，実行動作が終わるまでの間命令を保持するものが必要であるが，その役目をするのがインストラクション・レジスタ（Instruction Register：IR である）．

IR は，命令のオペコードを格納する部分と，アドレス部を格納する部分からなり，図 3・19 のようにメモリに格納された命令がフェッチ段階において IR に取り出される．

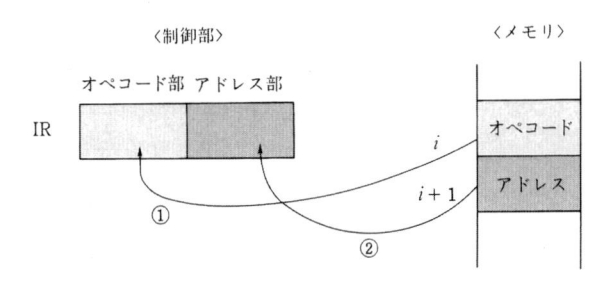

図 3・19　命令語のIRへの取出し

ここでモデル MPU の制御動作手順をフローチャートで示すと図 3・20 のようになる．

IR に取り出された命令は，そのオペコード部の内容に従って実行される．そのために，オペコードが何命令であるかを解読するための命令デコーダが必要となる．

以上をまとめると次のようになる．
- **PC**（プログラムカウンタ）……次に取り出してくる命令が入っている番地を記憶し，1 バイト分を取り出されるごとに+1 される．

48　マイコンの基本構成と動作

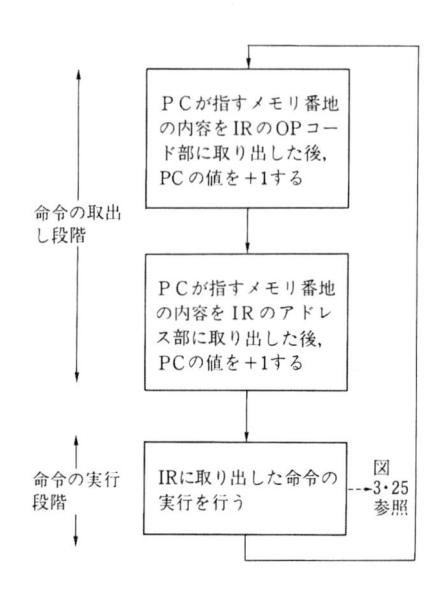

```
         ┌──────────────────────┐
         │                      ↓
         │         ┌────────────────────┐
         │         │ PCが指すメモリ番地    │
命令の取出  │         │ の内容をIRのOPコー   │
し段階    │         │ ド部に取り出した後,   │
         │         │ PCの値を+1する      │
         │         └────────────────────┘
         │                      ↓
         │         ┌────────────────────┐
         │         │ PCが指すメモリ番地    │
         │         │ の内容をIRのアドレ    │
         │         │ ス部に取り出した後,   │
         │         │ PCの値を+1する      │
         │         └────────────────────┘
         │                      ↓
命令の実行  │         ┌────────────────────┐  図
段階     │         │ IRに取り出した命令の  │ 3・25
         │         │ 実行を行う          │ 参照
                   └────────────────────┘
```

図 3・20　モデル MPU の制御手順

- IR（インストラクション・レジスタ）……取り出された命令を，実行が完了するまで保持しておく．
- 命令デコーダ……IR のオペコードが何命令であるかを解読し，その命令の実行に必要な制御信号を発生させるのに用いられる．

3.4.3　演算部と1アドレス方式

次に IR に取り出された命令の実行を考える．命令の実行の時点では，演算部が中心的な役割を果たす．

そこでまず演算部の仕組みから明らかにする．

前に，命令にはデータを操作する命令とプログラムの実行順序（流れ）を変える命令の2種類があると述べたが，前者の中でも演算命令を詳しく見ると，○○にあるデータと△△にあるデータを～して××に置け，という形を取る．

ここで，○○，△△，××はメモリのあるロケーションや MPU 内の演算部にあるレジスタのどれかである．

したがって，一般に命令のアドレス部にはこれらの○○，△△，××の三つの所

在を示す必要があるが,そのように命令を構成するとアドレス部が長くなって,プログラムを格納するのに大きなメモリ容量が必要になると同時に命令を取り出すのに時間がかかり効率が低下する.そのため,○○(被演算データのある場所)と××(結果の格納場所)は演算部にある特定のレジスタ(Aレジスタ:アキュムレータともいう)と決めてしまい命令のアドレス部では,△△(演算データのある場所)だけを指定するようにしている.この方式を**1アドレス方式**と呼ぶ(図3・21).

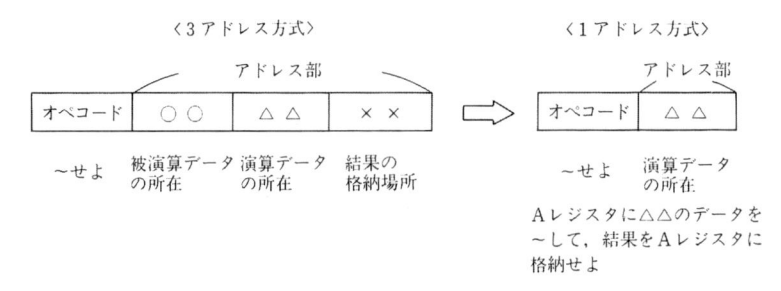

〈3アドレス方式〉　　　　　　　　　〈1アドレス方式〉

```
         アドレス部                          アドレス部
┌─────┬───┬───┬───┐         ┌─────┬───┐
│オペコード│ ○○ │ △△ │ ×× │   ⇒     │オペコード│ △△ │
└─────┴───┴───┴───┘         └─────┴───┘
  ～せよ  被演算データ 演算データ 結果の          ～せよ  演算データ
        の所在    の所在  格納場所                  の所在

                                         Aレジスタに△△のデータを
                                         ～して,結果をAレジスタに
                                         格納せよ
```

図3・21 演算命令の基本形式(1アドレス方式)

以上のような命令を実行するのに必要な演算部の構成は図3・22のようになる.

図3・22のALU(Arithmetic Logic Unit)は,～せよの～を実現する論理回路で,制御部から与えられる演算指令により,加算や減算などの算術演算と論理和(OR),論理積(AND)などの論理演算が行われる.すなわち,二つの入力ゲートと出力ゲートを開くと,メモリから与えられるデータとAレジスタの間で演算指定で定まる演算が行われ,結果はAレジスタに得られる.ただし,今考えているモデルMPUでは,演算命令としては加算命令しかないので,ALUの機能は加算のみである.ALUの働きの例を図3・23に示す.

図3・22でFと記したのは,フラグ(Flag)あるいはフラグレジスタといいALUによる演算の結果,特定の条件が発生したときに,そのことを記憶しておく働きをする.

特定の条件としては,加算や減算において
① MSBから桁上り(借り)が発生した
② 結果が0になった
などがある.

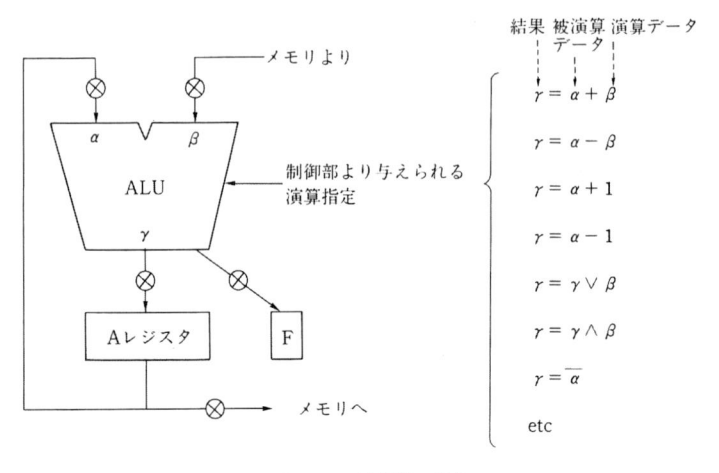

図3・22 演算部の構成

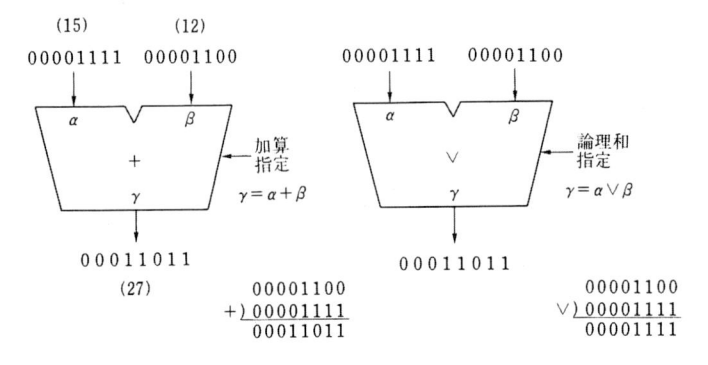

結果　被演算データ　演算データ
$\gamma = \alpha + \beta$
$\gamma = \alpha - \beta$
$\gamma = \alpha + 1$
$\gamma = \alpha - 1$
$\gamma = \gamma \vee \beta$
$\gamma = \gamma \wedge \beta$
$\gamma = \overline{\alpha}$
etc

図3・23 ALUの働き

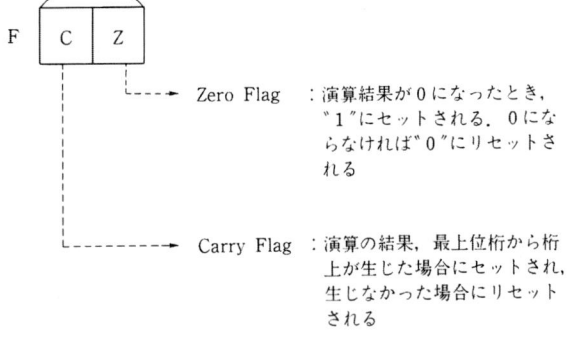

(15)　(12)
00001111　00001100
加算指定　$\gamma = \alpha + \beta$
00011011
(27)

```
  00001100
+)00001111
  00011011
```

00001111　00001100
論理和指定　$\gamma = \alpha \vee \beta$
00011011

```
   00001100
∨)00001111
   00001111
```

図3・24 フラグレジスタ F

Zero Flag：演算結果が0になったとき，"1"にセットされる．0にならなければ"0"にリセットされる

Carry Flag：演算の結果，最上位桁から桁上がりが生じた場合にセットされ，生じなかった場合にリセットされる

フラグレジスタに記憶されたこれらの条件は,3.4.4項で述べる条件付きジャンプ命令によって検査され,プログラムの流れを変えるのに用いられる.

3.4.4 命令の取出しと実行手順

演算部の仕組みがわかったところで,前に述べた表3・1の各命令の処理がどのように行われるかを考えることにする.

図3・25はMPUの制御手順であり,図3・20の実行段階を詳しく説明したものである.

```
取出し段階:  命令のIRへの取出し ----→ 図3・20参照
             命令の種類
実行段階:  転送命令1  転送命令2  加算命令1  加算命令2  ジャンプ命令1   ジャンプ命令2
          A←(m)    (m)←A    A←A+(m)  A←A+m    PC←m          PC←m
```

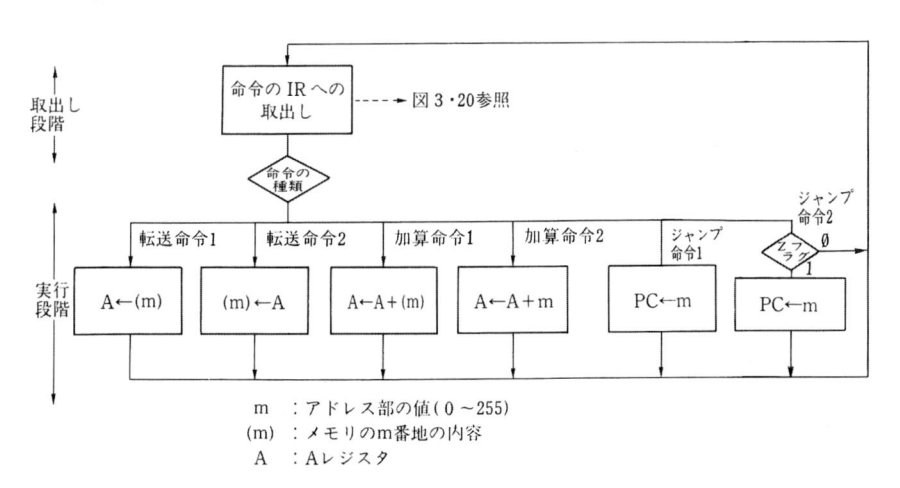

 m   : アドレス部の値(0～255)
 (m) : メモリのm番地の内容
 A   : Aレジスタ

図3・25　MPUの制御手順

では,まず最初にメモリに格納されている命令が制御部に取り出される様子を実例で見ていくことにする.今,メモリの0番地から図3・26のようなプログラムが格納されているものとしよう.意味を取りやすくするために,各命令のオペコードはニーモニック表現で示してある(ただし,LD1は転送命令1のオペコードを,LD2は転送命令2のオペコードを,ADD1は加算命令1のオペコードを意味する).このプログラムは,10番地のデータを11番地に加算するという簡単なものである.

このプログラムの最初の命令から実行させるためには,あらかじめPCをその命令が格納されている番地(この場合は0)に設定しておいてから動作を開始させなければならないが,多くのMPUでは,外部からリセット信号を加えることに

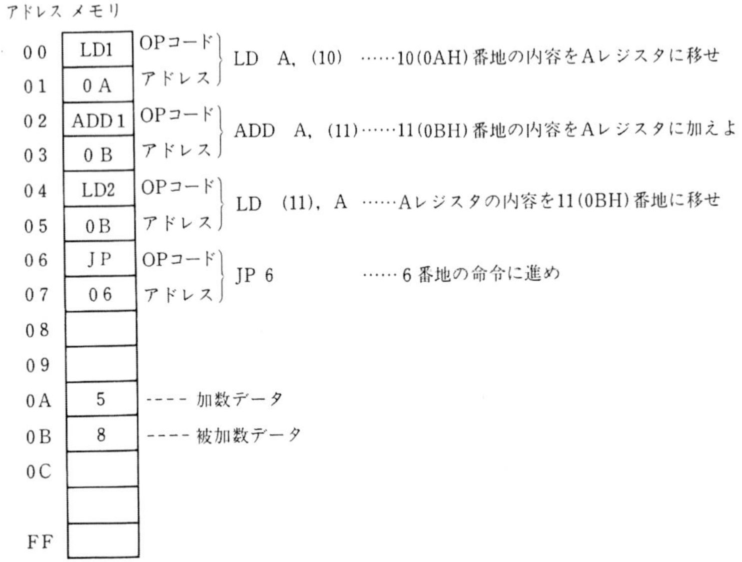

```
アドレス メモリ
  00   | LD1  | OPコード  ┐
  01   | 0 A  | アドレス  ┘   LD  A, (10) ……10(0AH)番地の内容をAレジスタに移せ
  02   | ADD1 | OPコード  ┐
  03   | 0 B  | アドレス  ┘   ADD A, (11) ……11(0BH)番地の内容をAレジスタに加えよ
  04   | LD2  | OPコード  ┐
  05   | 0 B  | アドレス  ┘   LD  (11), A ……Aレジスタの内容を11(0BH)番地に移せ
  06   | J P  | OPコード  ┐
  07   | 0 6  | アドレス  ┘   JP 6         ……6番地の命令に進め
  08   |      |
  09   |      |
  0A   |  5   | ---- 加数データ
  0B   |  8   | ---- 被加数データ
  0C   |      |

  FF   |      |
```

図3・26 プログラム例

より，PCの値は自動的に0になるようになっている．モデルMPUでは，図3・13に示されたRESET端子がこの働きをする．図3・27から図3・30は，0番地の命令が制御部のIRに取り出される各段階を示している．

まず最初の段階（図3・27）では，制御部はPCの値（00H）をアドレスバスを通してメモリに与え，同時に読出し指令を出す．メモリは0番地の内容（LD1実際には00000001（01H））をデータバスに出力し，制御部は，それをIRのオペコード部分に格納する．その後で命令のアドレス部を取り出すために，PCの値を＋1しておく（図3・28）．

次の段階（図3・29）では，ふたたびPCの値（01H）をアドレスバスに出力し読出し指令を出す．そしてメモリが読み出した01番地の内容（0AH）をIRのアドレス部分に格納し，次の命令の取出しに備えPCの値を＋1しておく（図3・30）．このようにしてIRに取り出された命令の実行段階が完了すると，次の命令が取り出されるわけであるが，どんな命令であっても命令の取出しに関する限り，今の場合とまったく同一の手順でなされる．

3.4 MPU　53

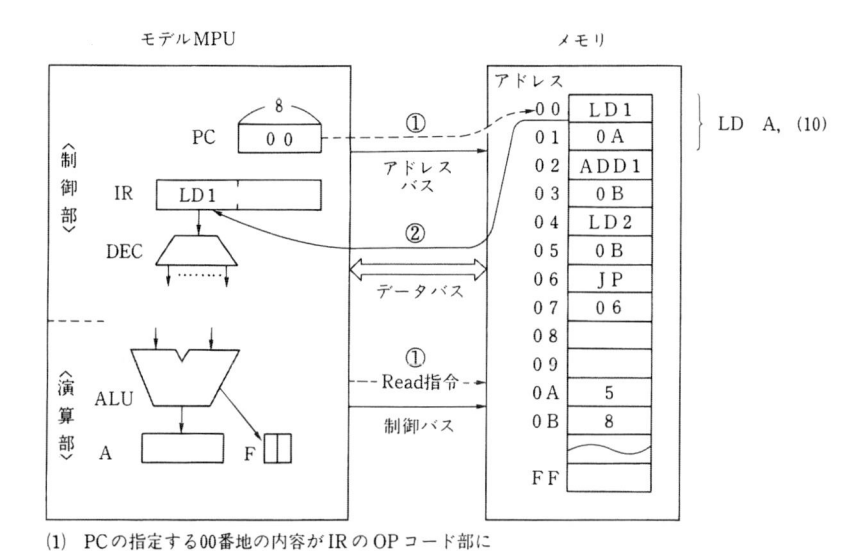

(1) PCの指定する00番地の内容がIRのOPコード部に取出される

図3・27　命令の取出し動作(1)

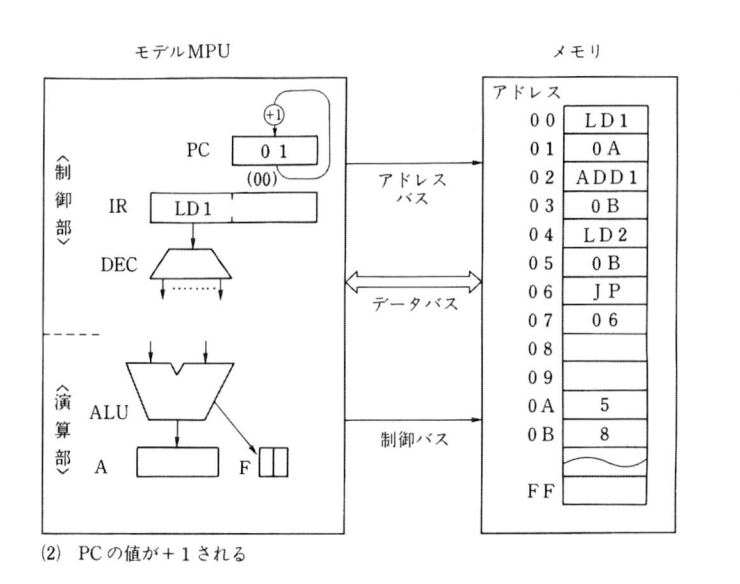

(2) PCの値が+1される

図3・28　命令の取出し動作(2)

54 マイコンの基本構成と動作

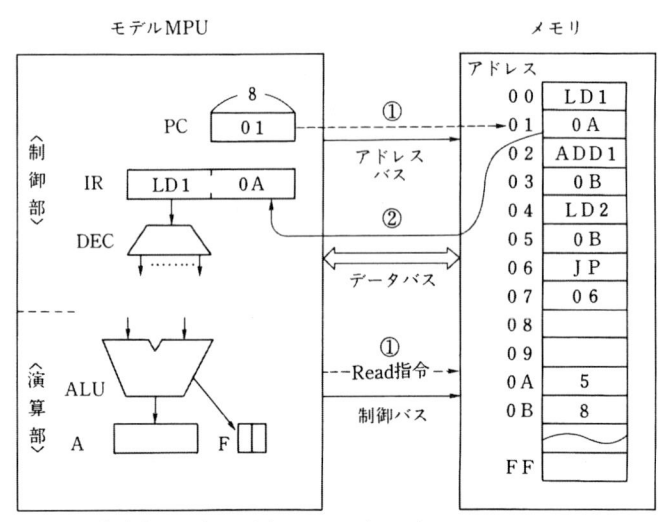

(3) PCの指定する01番地の内容がIRのアドレス部に取り出される

図 3・29　命令の取出し動作 (3)

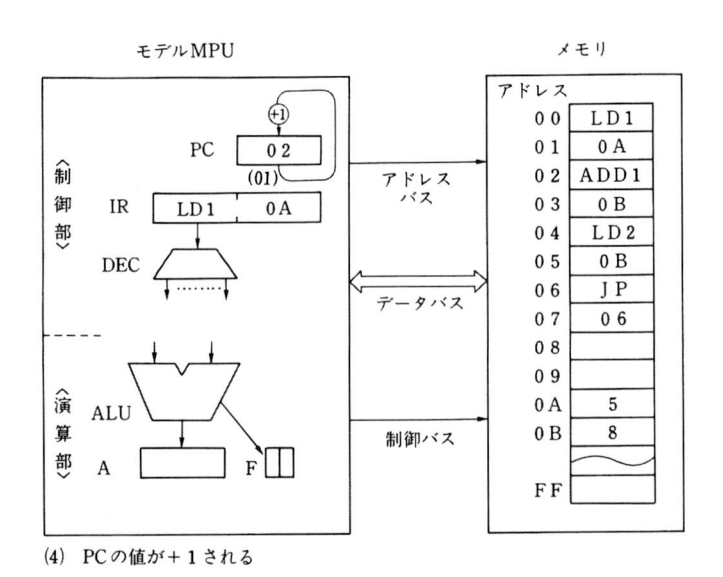

(4) PCの値が+1される

図 3・30　命令の取出し動作 (4)

図 3·31 から 図 3·33 は，各命令の実行段階の動作を示す．制御部の IR には各命令がすでに取り出されており，また PC は次に取り出すべき命令の番地が格納されている．

まず LD A，(10) 命令の実行段階で制御部はメモリに対して，IR のアドレス部のアドレス (0 AH) と読出し指令を与え，メモリが読み出した 0 AH 番地の加数 (5) を A レジスタに格納する (図 3.31)．

ADD A，(11) 命令の実行では，制御部がアドレス (0 BH) と読出し指令を与えるところまでは LD A, (10) 命令と同じだが，メモリが読み出した被加数を ALU の一方の入力に与え，もう一方の入力には A レジスタのデータ (5) を与えると同時に ALU に加算を指示する．そして ALU の出力である加算結果 (13) を A レジスタに格納する (図 3.32)．

LD (11)，A 命令の実行段階で，制御部は IR のアドレス部の内容 (0 BH) をアドレスバスに，また A レジスタの内容 (15) をデータバスに出力すると同時にメモリに対して書込み指令を与える．メモリは 0 BH 番地に 13 を書き込むことにより，3 + 8 = 13 が 0 BH 番地に求まる(図 3.33)．なお，次の JP 6 命令に関しては，次の 3.4.5 項で説明する．

10(0AH)番地の内容がAレジスタに転送される

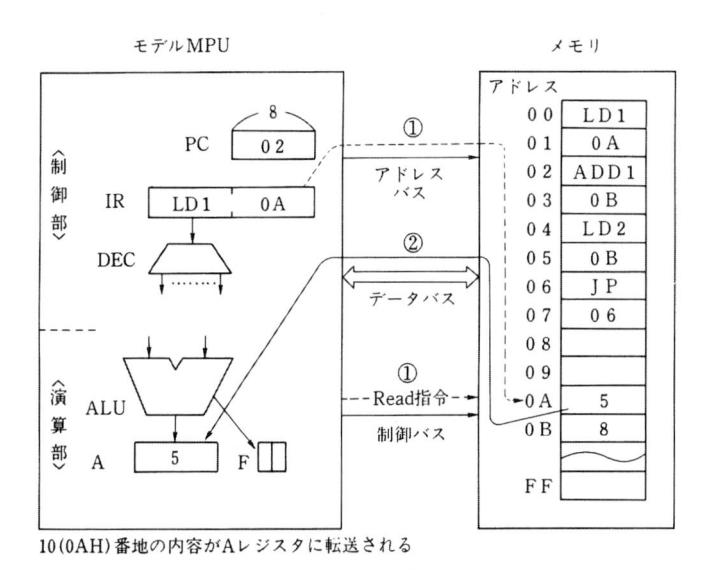

図3·31 LD A, (10)命令の実行動作

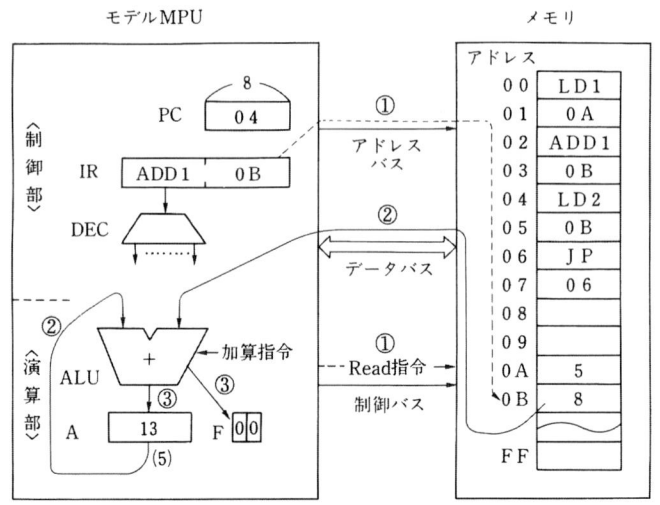

56 マイコンの基本構成と動作

10(0BH)番地の内容が読み出され，ALUによって
Aレジスタと加算され結果がAレジスタに作られる

図3・32 ADD A, (10)命令の実行動作

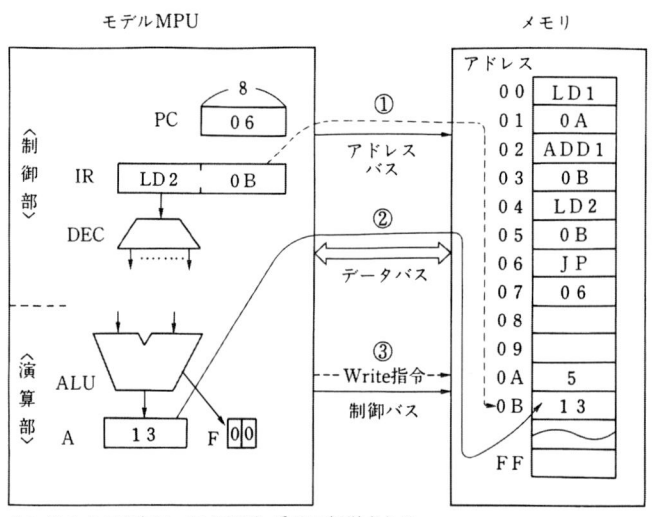

Aレジスタの内容が，11(0BH)番地に転送される

図3・33 LD (11), A命令の実行動作

3.4.5 ジャンプ命令

これまでの話で，メモリに格納された命令が制御部の働きにより，低い番地から高い番地に向かって順番に処理されることがわかった．ところで 3.3 節で触れたようにどんな MPU にもプログラムの流れを変えるジャンプ命令が備わっている．

今考えているモデル MPU では，無条件に m 番地にジャンプする JP m 命令と，演算の結果 A レジスタの値が 0 になったときに m 番地にジャンプする JP z, m 命令の二つである．前者を**無条件ジャンプ命令**と呼ぶのに対し，後者を**条件付きジャンプ命令**と呼ぶ．

条件付きジャンプ命令は，命令で指定された条件が満足していればジャンプするが，満足していなければ何もしない．すなわちジャンプ命令の次の命令に進む（図 3・34）．

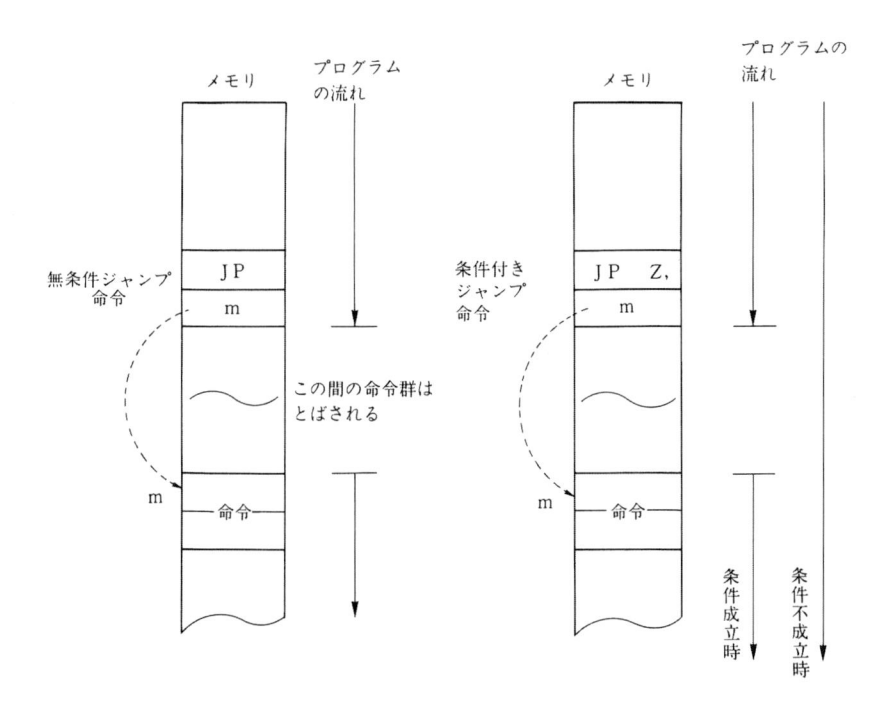

図 3・34 ジャンプ命令の働き

58　マイコンの基本構成と動作

この項では，ジャンプ命令が実行される仕組みを明らかにしておこう．

しばしば繰り返して述べてきたように，次にどの番地の命令を取り出すかを決めるものはPCであるから，ジャンプ命令の実行時にジャンプ命令のアドレス部のジャンプ先番地をPCに移すことによりプログラムのジャンプが実現できる．

図3·35は無条件ジャンプ命令の実行時の動作である．JP m 命令がIRに取り出された時点では，PCにはJP m 命令の次の番地が入っていたのであるが，実行時にIRのアドレス部のジャンプ先アドレスがセットされるのである．その結果，次はジャンプ先アドレスの命令に進むことになる．なお，条件付きジャンプ命令の場合は，図3.25のジャンプ命令2で示すように，ジャンプ条件で指定されるフラ

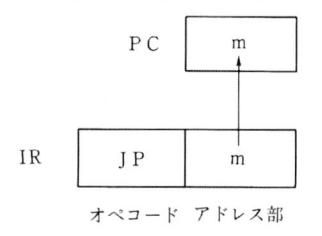

図3·35　ジャンプ命令の実行動作

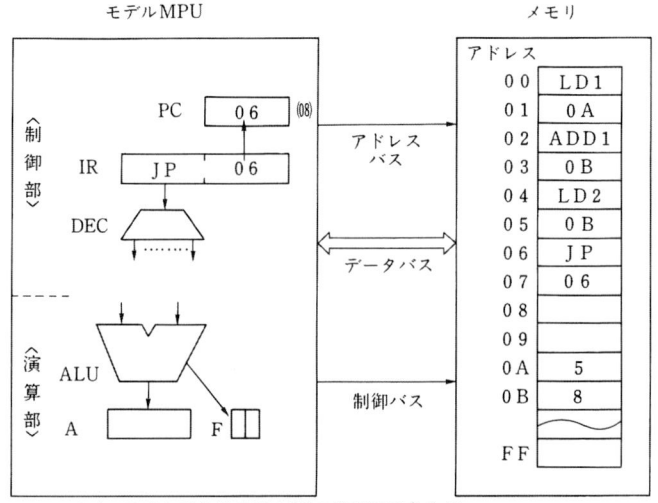

JP 6命令の取出し動作終了時のPCの値は08であるが，実行により，IRのアドレス部がPCに移される

図3·36　JP 6命令の実行動作

グが"1"のときにだけ PC にジャンプアドレスがセットされる．フラグが"0"のときは PC の値は変わらないから，次の命令に進むことになる．

　図 3・36 は 3.4.4 項のプログラムの最後のジャンプ命令の実行時の動作を示している．この場合，ジャンプ命令の飛び先アドレスが JP 命令自身の格納番地であるから，永久に JP 命令を繰り返すことになる．

3.4.6　インタフェースと入出力命令

　これまでは MPU とメモリの関係を中心に転送命令と演算命令のフェッチとイクスキュートの仕組みを見てきた．一方，マイコンにはこれらの命令によって処理すべきデータを入力機器から入力したり，処理された結果を出力機器へ出力する仕組みが備わっていなければならない．そのために必要なハードウェアが図 3・37 のインタフェースである．そのインタフェースを働かせて外部からデータを取り込む命令が入力命令であり，外部に送り出す命令が出力命令である．インタフェースの仕組みは，メモリに比べて複雑なため，詳しくはハードウェア編で説明するが，ここでは概念とプログラムを作る上で知っていなければならないことだけを述べる．

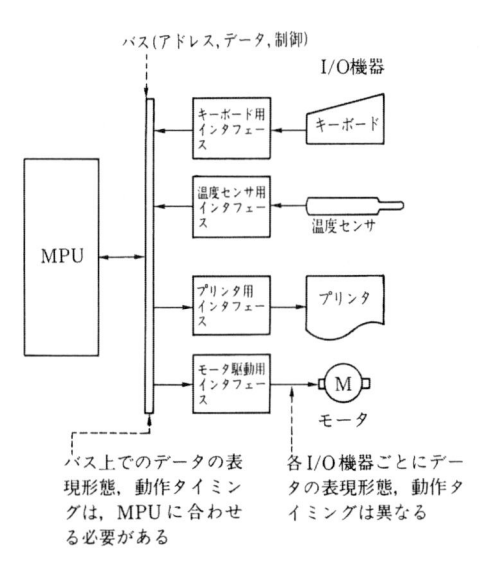

図 3・37　I/O インタフェースの機能

一般にインタフェースとは異なった機能を持つ二つの要素の間で，正しくデータが授受できるようにするための回路をいう。ここでいうインターフェースの二つの要素とはMPUとI/O装置である．第1章の図1·4では，I/O装置はCPU (MPU)ではなくメモリとの間でデータが授受さるように示されているが，これは高速・大量のデータを入出力する汎用コンピュータの方式であり，マイコンでは，I/O装置は演算部にあるAレジスタとの間でデータを授受する方式が基本である．なお，マイコンにおいても高速・大量のデータを入出力する場合には，図1·4の方式が採用されるが，詳しくはハード編で学ぶ．さてMPUは論理回路で構成されているからその動作速度はきわめて速く，1バイトのデータを数μsの時間で入力したり出力したりすることができる．それに対しI/O装置の方は，一般に機械部分が含まれるため数〜数百ms程度の時間がかかる．さらにI/O装置にはさまざまなものがあり，データの表現形態や入出力の方式も千差万別である(直列/並列，アナログ/ディジタルなど)．

このように，動作速度やデータの表現形態の異なる両者の間にあって，両者を整合させて正しくデータの授受ができるようにするためのハードウェアがインタフェースである．図3·37にこのことの概念を示す．各I/O装置ごとに，それに対

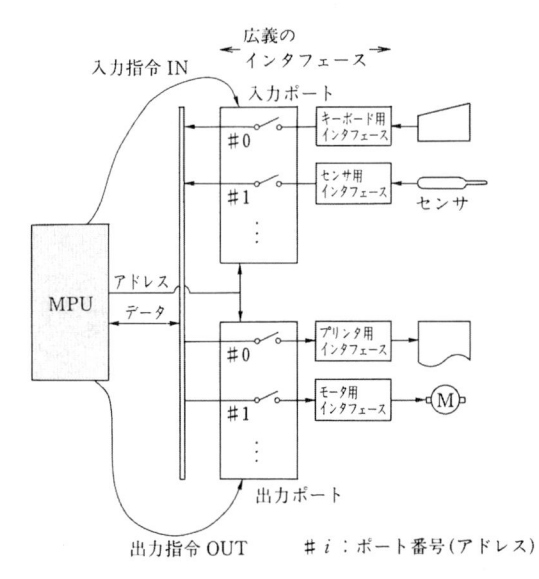

図3·38　入力ポートと出力ポートの概念

応したインタフェースを設けることにより，MPU との間で正しいデータの授受が可能になる．

ここでは，インタフェースの内部を知る必要はなく，複数の I/O 装置と MPU との間でのデータの授受の仕組みさえわかればよい．

MPU にはメモリも含め外部との間でデータを授受するのに，データバスが 1 組しかないから，図 3・38 に示したようにデータバスと各 I/O との間に電子的なスイッチを設け，それを切り換えることによって，多数の I/O 装置との間でのデータの入出力を行うようにしている．一般にこのスイッチに相当する働きをする部分をちょうどデータが授受される港に見たてて，ポート (Port) と呼んでいる．そして，データが MPU に入力されるほうを**入力ポート** (Input port)，出力されるほうを**出力ポート** (Output port) といい，両者を総称して**入出力ポート** (I/O port) という．

各ポートには 0 から始まる番号が付けられていて，その番号のことを**ポートアドレス**または **I/O アドレス**と呼ぶ．

さて，モデルマイコンの入力命令 IN A, (n) が実行されると，n 番目の入力ポートのスイッチが閉じて，n 番目の入力ポートに接続された入力装置から 1 バイトのデータが A レジスタに入力される．

このとき，メモリアドレスの指定に用いられるのと同一のアドレスバスを用いて，ポートアドレスが入力命令とともに与えられ，n 番目のポートのスイッチが ON

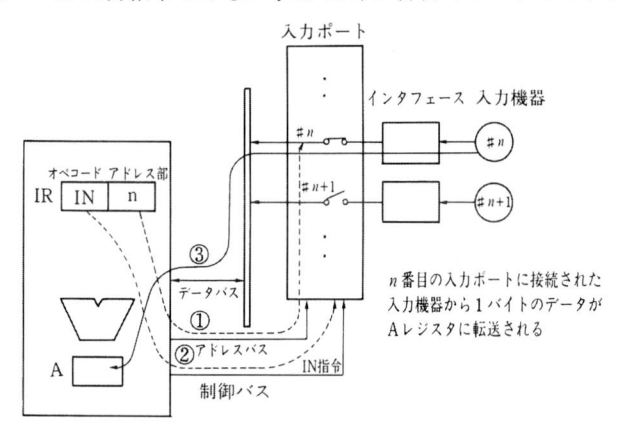

図 3・39　入力命令 IN A, (n) の実行動作

になる.

次に出力命令 OUT (n), A が実行されると, n 番目の出力ポートのスイッチが閉じて, A レジスタの内容が, n 番目の出力ポートに接続された出力装置に出力される.

なお, モデルマイコンでは, n は 8 ビットゆえ, 0～255 までポートを設けることができる.

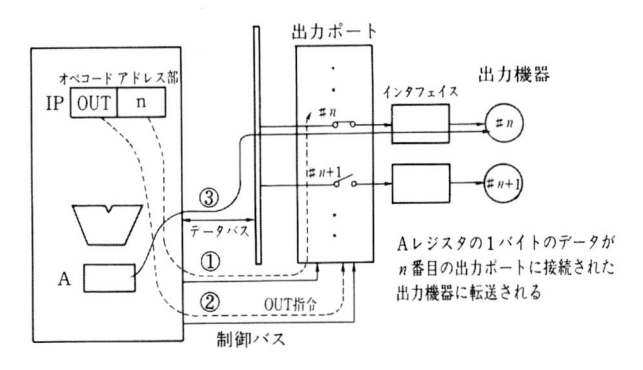

図 3・40 出力命令 OUT (n), A の実行動作

第4章

Z80MPUの概要

前章まででマイコンの構成と動作原理を学んだので，この章以降では，8ビットの汎用マイクロプロセッサ（MPU）であるZ80について学習する．

この章では，プログラムを作る上で知っておかなければならないZ80の構成と命令の形式を中心に話を進めることにする．

4.1 Z80の構成

4.1.1 Z80の信号端子

Z80は図4・1のように40ピンのLSIであり，その信号端子は，第3章のモデルMPUと同様，アドレスバス，データバスおよび制御信号に分類できる．

モデルMPUに比べ，アドレスバスの数が16ビットと倍になっていることと，制御信号の数が多いことがわかる．

アドレスバスが16ビットであるということは，Z80がアクセス可能なメモリの容量が最大 $2^{16} = 65\,536$ （64 K）バイトであることを意味する（モデルMPUでは $2^8 = 256$ バイト）．

また制御信号のうち，点線で囲ったもの以外は，基本的な使用では用いないので当分考えなくてよい．点線で囲ったシステム制御の四つの信号は，モデルMPUのRead，Write，In，Outに相当するものである．

したがって，外から見たZ80の基本的な働きは，アドレスバスの幅が2倍にな

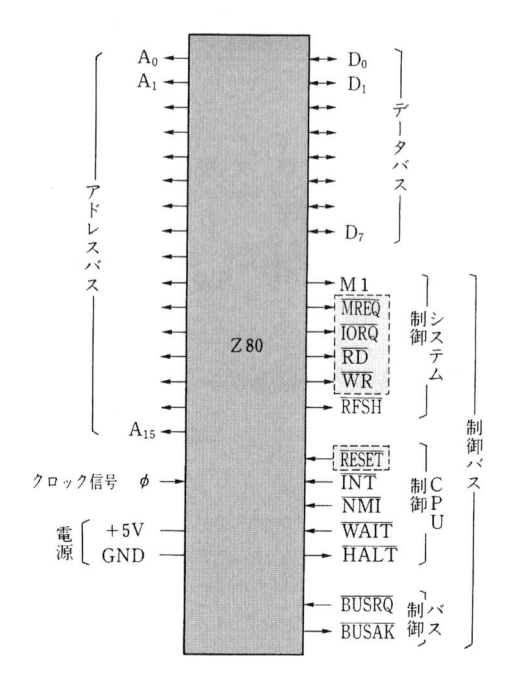

図 4・1 Z80の信号端子

ったほかは，モデル MPU となんら変わらないと考えてよい．

4.1.2 CPU レジスタ

図 4・2 は Z 80 の内部を簡略化したブロック図である．図 4・3 は Z 80 の内部にあるレジスタのうち，プログラムを組む上で知っていなければならないものを示したもので，以後これらのレジスタを総称して **CPU レジスタ**と呼ぶ．

CPU レジスタとは，プログラマがアクセス可能な（すなわち命令によって値を調べたり，変更したりできる）レジスタのことをいう．

モデル MPU の CPU レジスタは 8 ビットの PC と 8 ビットの A レジスタと 2 ビットの F（フラグ）の三つだけであった．

これに対し Z 80 には CPU レジスタが多数ある（このことは Z 80 の特徴の一つでもある）．

これら多数のレジスタのうち専用レジスタと記されたものは，その用途が定ま

4.1 Z80の構成

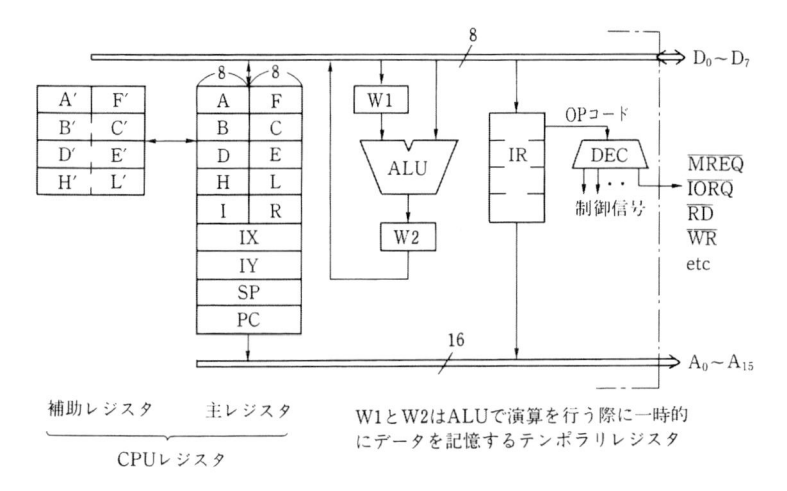

図4・2 Z80の簡単化した内部ブロック図

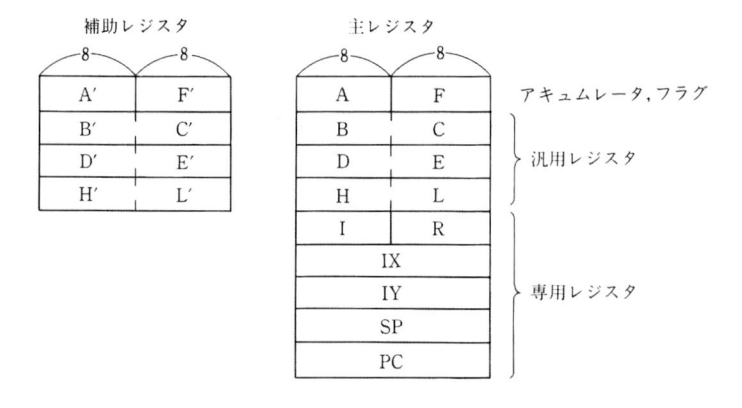

W1とW2はALUで演算を行う際に一時的にデータを記憶するテンポラリレジスタ

図4・3 Z80のCPUレジスタ

っているものをいう．たとえばPCは命令の逐次取出しに使われることはすでに学んだ．なお，PCのサイズが16ビットである理由は，アドレスバスが$A_0 \sim A_{15}$の16ビットあることによる．

　ここで図4・3の専用レジスタについて説明しておこう．

　PC（Program Counter：プログラムカウンタ）16ビット　　次に取り出すべき命令が存在するメモリ番地を記憶し，制御部が命令語の1バイト分を取り出すごとに＋1される．

ジャンプ命令によって，この値を変えることができ，任意のプログラムシーケンスを実現できる．

リセット信号（$\overline{\text{RESET}}$）が加えられると値が0になる．

■ SP（Stack Pointer：スタックポインタ）16ビット　　SPは，サブルーチン処理や，Z80を割込み処理で使用するときに必要となるもので詳しくはこれらの項で説明する．

■ IX, IY（Index Register：インデックスレジスタ）16ビット　　インデックスレジスタは，メモリ上に規則正しく並んでいるデータブロックの処理を容易にプログラミングするために設けられたものであり，IXとIYの両者はまったく同一の働きをする．詳しくは，4.2.2項 **4** のインデックスアドレッシングで説明する．

■ I（Interrupt Address Register：インタラプトアドレスレジスタ）8ビット　　このレジスタは，Z80の高度な割込み機能（モード2）を用いるときにのみ用いられる．詳しくはハード編の10.4節で説明する．

■ R（Refresh Counter：リフレッシュカウンタ）7ビット　　これは，Z80のメモリにリフレッシュ操作を必要とするDRAMを用いるときに用いられる．詳しくは，ハード編の9.5節で説明する．

次に図4・3の汎用レジスタと記されたものは，その用途はあらかじめ定まっておらず，プログラマがさまざまな目的に使うことができる．

B, C, D, E, H, Lは6個の独立した8ビットレジスタとして用いることもできるし，BとCを連結したBC, DとEを連結したDE, HとLを連結したHLの3個の16ビットレジスタとしても用いることができる．その場合，これらのレジスタを**ペアレジスタ**と呼ぶ．

BC, DE, HLの各ペアレジスタのうち，BCとDEはほとんど同じ機能であるが，HLは次の点でBC, DE以上の機能がある．

① メモリを参照する全命令のメモリアドレスを指定するために用いられる．
② 16ビット演算命令のアキュムレータ的な役割をする．
③ ジャンプ命令のジャンプ先を指定するために用いられる．

このうち①は特に重要で，この機能がなければ，いい換えれば，HLレジスタを用いなければ，Z80のプログラムは作れないのである．次にそのことについてやや詳しく説明する．

4.1 Z80の構成

　第3章のモデルMPUの命令の中には,「メモリの○○番地の内容とAレジスタの内容を～して結果をAレジスタに作れ（たとえば, Add A, (10))」という命令があった. そしてこの命令の型はマイコンに限らずすべてのコンピュータの演算命令の基本型になっている. すなわちオペランドがメモリにあるときは, アドレス部でメモリ番地を直接指定できるようになっている.

　ところが, Z80の命令には, この基本型がなく, 演算命令のアドレス部には, 直接メモリ番地が指定できない. その代わりに, HLレジスタの値で示されるメモリ番地の内容をオペランドとする命令形式が基本型として用意されている. すなわち演算データの所在（番地）を直接ではなくHLレジスタを通して間接的に指定するのである.

　したがって, Z80では, あるメモリ番地のデータを演算するためには, 前もって別の命令で, HLレジスタにその番地を設定しておいてから, 演算命令を出す必要がある.

　図4・4はAレジスタに10番地の内容を加える場合の比較である.

(a) 多くのマイコンの場合　　　(b) Z80の場合

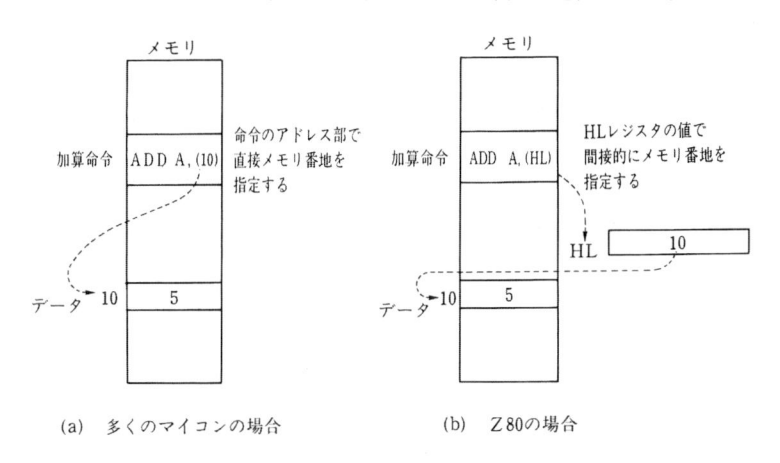

図4・4　メモリ上のデータを指定する命令の基本型

　図4・5は, メモリの100番地と200番地, そして300番地の内容をAレジスタに加算するプログラムの比較である. 両者を比較すると, Z80のほうが不便のように思えるが, 実際のプログラムを作る上では必ずしもそうではない（第6章参照）.

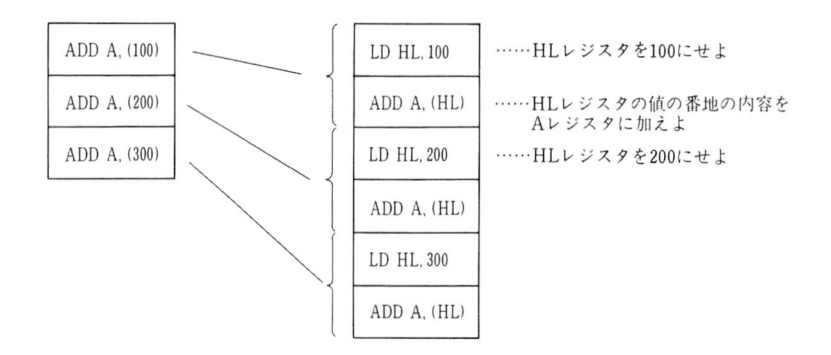

```
ADD A, (100)          LD HL, 100      ……HLレジスタを100にせよ
ADD A, (200)          ADD A, (HL)     ……HLレジスタの値の番地の内容を
                                          Aレジスタに加えよ
ADD A, (300)          LD HL, 200      ……HLレジスタを200にせよ
                      ADD A, (HL)
                      LD HL, 300
                      ADD A, (HL)

  (a) 多くのマイコンの場合    (b) Z80の場合
```

図4・5　Aレジスタに100番地と200番地と300番地の内容を加えるプログラム

Aレジスタ（アキュムレータ）8ビット　Aレジスタは PC と並んで最も重要なレジスタであり，演算における被演算データと演算結果の格納のために用いられることはすでに第3章で明らかにした．Z80は語長が8ビットであるから，アキュムレータのサイズも8ビットである．アキュムレータは，8ビットの演算命令で用いられるほかに，入出力命令においては入力データの取込みと出力データの送出用レジスタとしても用いられる．

フラグレジスタF 8ビット　フラグレジスタは，演算の結果生じる特定の条件を記憶するもので，モデルMPUでは，Zeroフラグと Carry フラグの2ビットであった．

これに対し，Z80では図4・6のように8ビットからなり，そのうち6ビットが実際に使用されている．

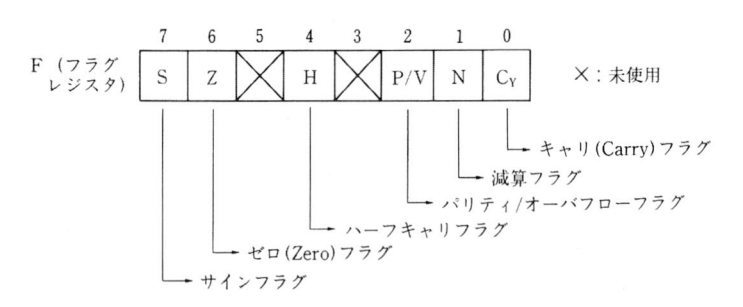

```
          7   6   5   4   3   2   1   0
F（フラグ
  レジスタ） S   Z   ×   H   ×  P/V  N   Cy      ×：未使用
                                          └→ キャリ(Carry)フラグ
                                      └→ 減算フラグ
                                  └→ パリティ/オーバフローフラグ
                          └→ ハーフキャリフラグ
                  └→ ゼロ(Zero)フラグ
          └→ サインフラグ
```

図4・6　フラグレジスタの構成

4.1 Z80の構成

ZフラグとC_Yフラグ以外の意味は，第6章の演算命令の項で説明する．

最後に残ったのが，**補助レジスタ**と呼ばれるレジスタ群である．これらは，A′，F′，B′，C′，D′，E′，H′，L′と名づけられ，それぞれA，F，B，C，D，E，H，Lの補助的な働きをする．すなわち，命令で直接操作できるレジスタはA，F，……，H，Lであるが，図4・7に示すように二つの交換命令により各レジスタ群の内容が入れ換えられるようになっている．

したがって，この交換命令を用いることによりZ80では2組の汎用レジスタ群が使用できることになる．ただし，通常の処理において，補助レジスタを用いなくても十分にプログラムの作成は可能である．

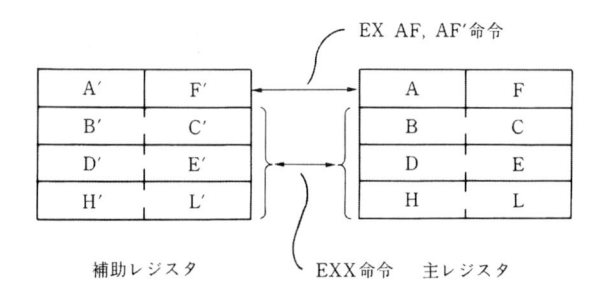

図4・7 補助レジスタと主レジスタの内容の入替え

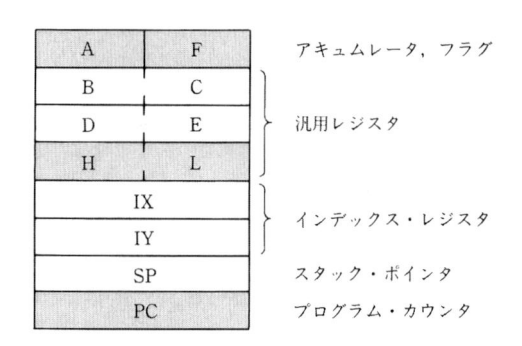

図4・8 Z80の主要なCPUレジスタ

以上をまとめると，Z80のCPUレジスタのうち，図4・8に示したものの働きが重要であることになる．その中でも薄網を施したPC，A，F，HLの各レジスタはプログラムを作る上で不可欠のものである．

4.2 Z80の命令の概要

4.2.1 Z80のプログラミングモデル

Z80のCPUレジスタの構成と働きがわかったので，メモリとI/Oポートも含んだZ80システムの論理的な構成（プログラミングモデル）を図4・9に示す．

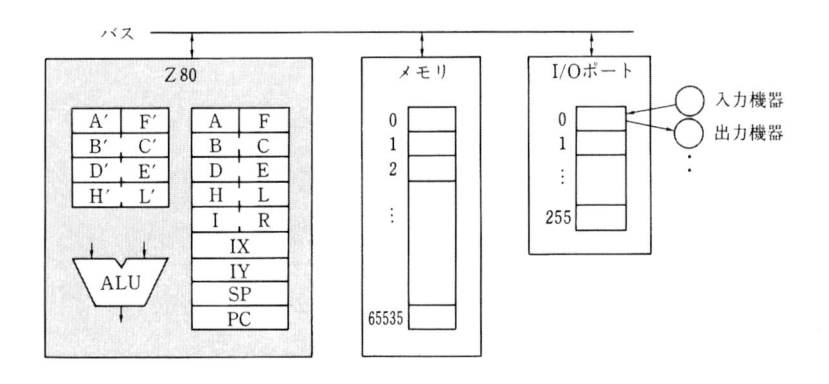

図4・9　Z80システムのプログラミングモデル

まずメモリは，アドレスバスが $A_0 \sim A_{15}$ の16ビットあるので最大65535番地まで接続することができる．一方I/Oポートのほうは，アドレスバスの下位の8ビット $A_0 \sim A_7$ で選択するようになっており，最大256（2^8）の異なった機器との間で入・出力が可能である．

ところでZ80の命令の実行動作は，図4・9のCPUレジスタとメモリやI/Oポートとの相互間のデータの転送およびCPUレジスタ相互間の転送動作が基本であり，演算命令においては，転送途中においてALUを通ることにより，さまざまな演算機能が実現されるのである．

すなわち命令の実行とは，どこかに存在するデータに操作が加えられ，どこかに移されるということに注意しよう．ここでどこかとはCPUレジスタ，メモリ，I/Oポートのどれかである．そして，データが移される際に，何の操作も加えられないのが転送命令や入出力命令である．なお，演算命令では，操作を加えられる

データ(すなわち転送源のデータ)は一つの場合もあれば二つの場合もある。以上のことから,すべての命令の実行は次の例に示すように,転送を示す矢印と,転送源,転送先,操作の種類を用いて表現できる.

表 4・1

例	〈転送先〉 〈転送源〉	
LD A, B	A←B　 [A] ← [B]	転送源はBレジスタ,転送先はAレジスタ
ADD A, (HL)	A←A+(HL) （図）	転送源は,AレジスタとHLレジスタで示されるメモリ番地,操作は加算,転送先はAレジスタ
INC A	A←A+1 （図）	転送源,転送先ともにAレジスタ操作は+1

なお,転送源のことを**ソース**(Source),転送先の格納場所のことを**デスティネーション**(Destination)という.

では,参考までにZ80が命令を取り出し,実行する仕組みを図4・2および図4・9をもとに説明しておくことにする.命令の例として,これまで何度も出した,ADD A, (HL)を取りあげる. ADD A, (HL)命令は,OPコード部のみからなる1バイト命令(機械語は86H)である.

1 命令の取出し

① Z80は,PCの値をアドレスバスに出力し,メモリに対し,読出し要求を行う制御信号である $\overline{\text{MREQ}}$ と $\overline{\text{RD}}$ をともにアクティブにする.

② メモリは,アドレスバス(その値はPCの値)で指定された番地の内容すなわちADD A, (HL)命令86Hをデータバスに出力する.

③ Z80はデータバスに出力された86HをIRに格納後,PCの値を+1する.

2 命令の実行

① Z80はHLレジスタの値をアドレスバスに出力し,前と同様にメモリに対

し，読出し要求を出す．
② メモリは，アドレスバス（その値はHLレジスタの値）で指定される番地の内容をデータバスに出力する．
③ Z80は，データバス上のデータをテンポラリレジスタW1に格納後，Aレジスタの内容をALUの一方の入力に加える．そして，ALUを加算の機能にして，その出力をテンポラリレジスタW2に格納する．
④ W2の内容をAレジスタに移す．また，演算の結果に基づきFレジスタの内容を更新する．

4.2.2 アドレッシングモード

Z80の命令が，OPコードと，アドレス部から構成されることはいうまでもないが，アドレス部においてOPコードによる処理の対象となるデータ（オペランド）の所在をどのようにして指定するかを**アドレッシングモード**という．

Z80には基本的には，表4・2のように五つのアドレッシングモードがある．例の欄には転送命令のソースオペランドの指定の仕方が示されている．

表4・2

アドレッシングモード名	オペランドの所在	一般表記	一例（ソースオペランド）	命令の意味
レジスタアドレッシング	CPUレジスタ	レジスタ名	LD A, C	Cレジスタの内容をAレジスタに移せ
レジスタ間接アドレッシング	メモリ	（ペアレジスタ名）	LD A, (HL)	HLレジスタの値で示されるメモリ番地の内容をAレジスタに移せ
メモリ直接アドレッシング	メモリ	（メモリアドレス）	LD A, (100)	100番地の内容をAレジスタに移せ
インデックスアドレッシング	メモリ	（インデックスレジスタ名＋定数）	LD A, (IX+100)	インデックスレジスタIXの値に，100を加えた値で示されるメモリ番地の内容をAレジスタに移せ
即値アドレッシング	命令のアドレス部そのもの	定数	LD A, 100	100をAレジスタにセットせよ

1　レジスタアドレッシング　これは，ソースデータの所在やデスティネーションがCPUレジスタである場合である．

図4・10は8ビットレジスタがオペランドである場合を示し，図4・11は16ビ

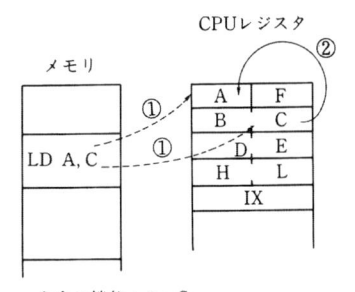

4.2 Z80の命令の概要   73

図4・10 レジスタアドレッシングの例(1)

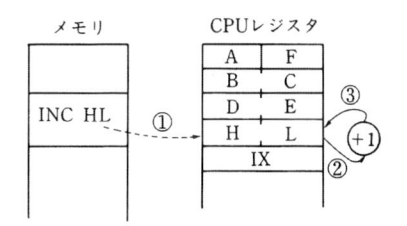

命令の機能：A←C
Cレジスタの内容が
Aレジスタに転送される

図4・11 レジスタアドレッシングの例(2)

命令の機能：HL←HL+1
HLレジスタの内容が
+1される

トレジスタがオペランドである場合を示す．これに対し，以下の(2)～(4)はオペランドがすべてメモリ上に存在する場合の指定の仕方である．

2 レジスタ間接アドレッシング　メモリ上のオペランドを指定するのに最も多く使われるモードであり，ペアレジスタ HL, BC, DE のいずれかの値でオペランドが存在するメモリ番地を指定する．

4.1.2項で述べたように中でも HL レジスタが特に重要で，すべての命令において，HL レジスタで間接的にメモリ上のオペランドが指定できる（図4・12）．

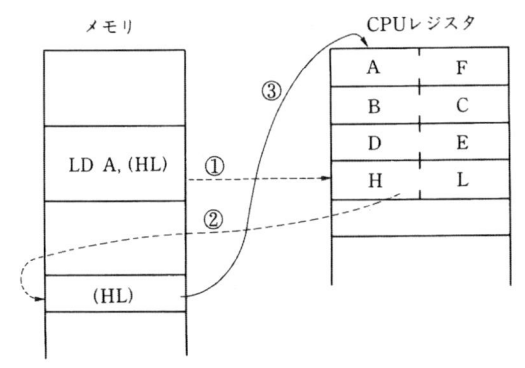

命令の機能：A←(HL)
HLレジスタの値で示されるメモリ番地の内容が
Aレジスタに転送される

図4・12 レジスタ間接アドレッシングの例

3 **メモリ直接アドレッシング**　これは命令のアドレス部にメモリ番地を直接含むものである．しかし 4.1.2 項で述べたように Z 80 の演算命令にはこのアドレッシング指定は使えない（図 4・13）．

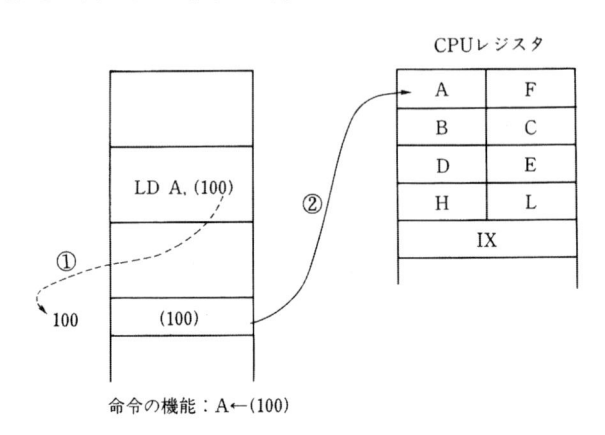

命令の機能：A←(100)

命令のアドレス部で示されるメモリ番地の内容が
A レジスタに転送される

図 4・13　メモリ直接アドレッシングの例

4 **インデックスアドレッシング**　これは指定したインデックスレジスタ IX または IY の値に，命令のアドレス部の中の 1 バイトの定数（変位：ディスプレイ

命令の機能：A←(IX+100)
インデックスレジスタ IX の値に 100 を
加えて得られるメモリ番地の内容が A
レジスタに転送される

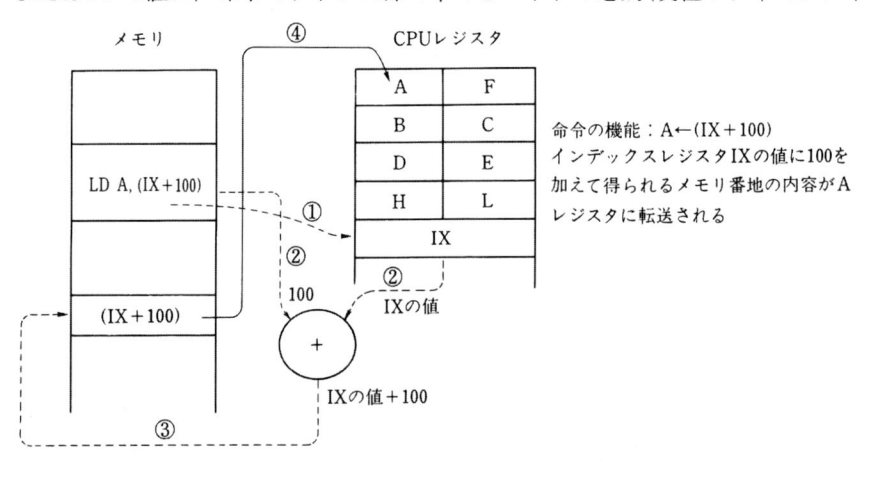

図 4・14　インデックスアドレッシングの例

メント）を加算して得られた結果をオペランドのメモリ番地とするものであり，メモリ上に規則正しく格納されている一群のデータブロックの処理の際に有効である（図4・14）．

5 **即値アドレッシング**　これは命令の処理の対象となるデータそのものが命令自身に含まれるものであり，そのデータのことを即値（イミディエイト）データという．

（1）～（4）のアドレッシングモードは，ソースアドレス，デスティネーションアドレスの両方に使えるが，即値アドレッシングは，必然的にソースアドレスにおいてしか指定できない．

即値データは1バイトか2バイトかのいずれかであり，それぞれの例を図4・15と図4・16に示す．

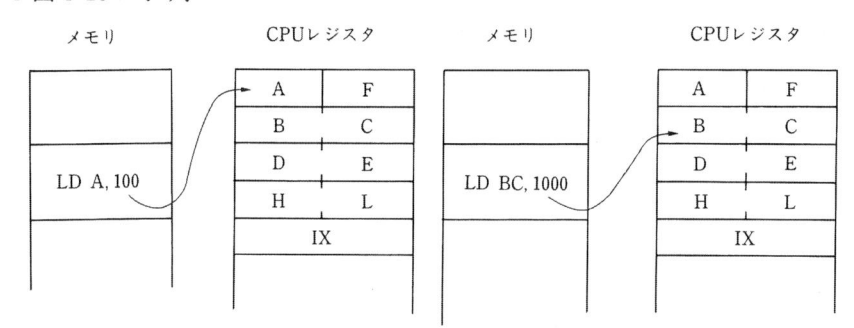

命令の機能：A←100
命令のアドレス部そのものである100が
Aレジスタに転送される

図4・15　即値アドレッシングの例
（1バイトの即値データ）

命令の機能：BC←1000
命令のアドレス部そのものである1000が
BCレジスタに転送される

図4・16　即値アドレッシングの例
（2バイトの即値データ）

以上，Z80のアドレッシングモードの基本を述べた．このほかにメモリまたはCPUレジスタの任意の1ビットを指定して処理を行う**ビットアドレッシング**モードと，ジャンプ命令において，ジャンプ先を○○番地というように直接指定せずに，ジャンプ命令自身を基準にして，何バイト分前とか，後とかいうふうに相対的に指定する**相対アドレッシング**モードがある．これら二つのアドレッシングモードについては第6章で説明する．

8ビットデータの転送（LD）命令を例にとって，アドレッシングモードの説明

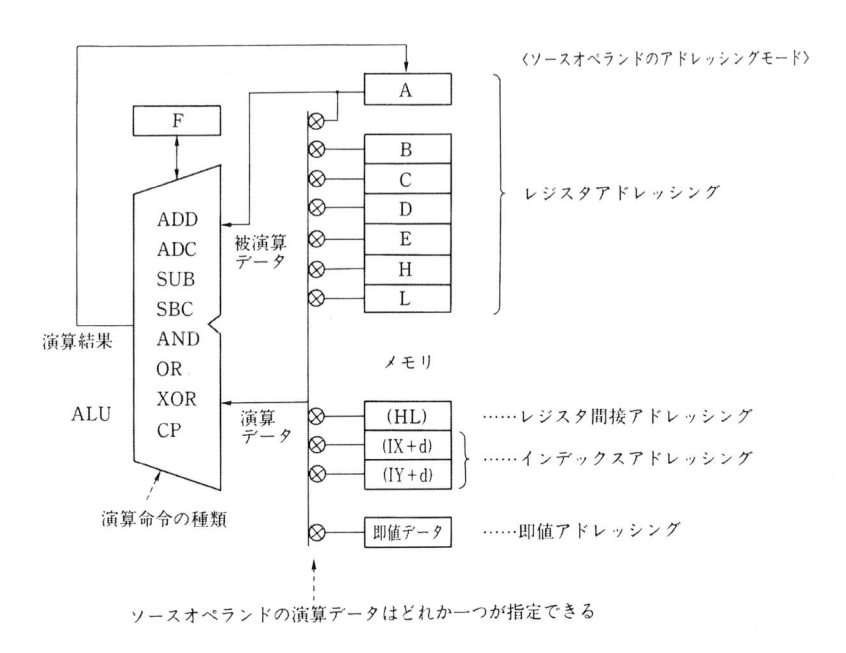

図4・17 8ビット演算命令の種類と可能なアドレッシングモード

を行ったが，最も中心となる8ビットの演算命令の場合を図4・17に示す．図中のALU内に列記したのは，8ビット演算命令の種類であり，演算結果は必ずAレジスタに格納されることを再度注意しておく．図4・18にはソースオペランドの1バイトがAレジスタに加算されるADD命令のすべての組合せを示す．なお，そのほかの各命令の機能については，第6章において説明する．

```
         ソースオペランド(加数)   ソースオペランド(加数)
              ↓                    ↓
    ADD  A, A          ADD  A, (HL)
    ADD  A, B          ADD  A, (IX+d)
    ADD  A, C          ADD  A, (IY+d)
    ADD  A, D
    ADD  A, E          ADD  A, n  (n：1バイトの即値データ)
    ADD  A, H
    ADD  A, L
```

図4・18 ADD命令のすべての組合せ

4.2.3　Z80の命令語長

Z80の機械語命令の語長は，1バイト，2バイト，3バイト，4バイトのいずれかである．

1バイト命令は，図4・19に示すように，本来アドレス部を必要としない命令(例えばMPUの動作を停止させるHALT命令)の他に，ADD命令のようなアドレス部が必要な命令も1バイト命令として実現されている．これは，オペランドがレジスタであったり，レジスタの値で間接的にメモリのオペランドを指定する場合の命令が該当し，実はオペコードの1部分にレジスタの区別を示す情報が含まれるようにしているのである（付録の命令一覧表を参照）．

〈1バイト命令〉

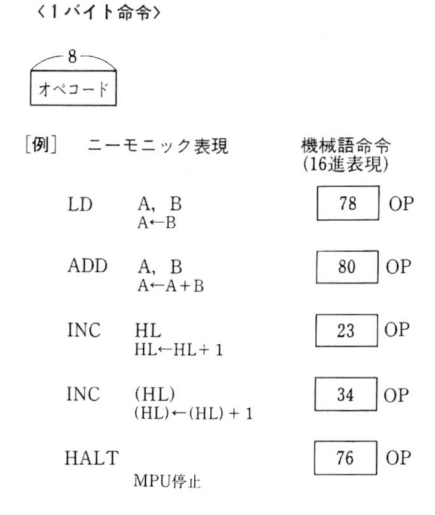

```
 ─ 8 ─
│オペコード│
```

[例]	ニーモニック表現		機械語命令 (16進表現)	
LD	A, B	A←B	78	OP
ADD	A, B	A←A+B	80	OP
INC	HL	HL←HL+1	23	OP
INC	(HL)	(HL)←(HL)+1	34	OP
HALT		MPU停止	76	OP

図4・19

2バイト命令には，図4・20に示すように二つのタイプがある．タイプ1はアドレス部に1バイトの即値データやポートアドレスが含まれる．タイプ2は2バイトのオペコードからなっている．そして，1バイト命令でそうであったように，2番目のオペコードの一部にレジスタの種類が指定できるようになっているものも多い．

3バイト命令も図4・21に示すように二つのタイプがある．タイプ1はオペラン

78　Z 80 MPU の概要

〈2バイト命令〉

タイプ1

オペコード
アドレス

ニーモニック表現　　　　　　機械語命令
　　　　　　　　　　　　　（16進表現）

[例]　LD　A, 10　　　| 3 E | OP
　　　　　A←10　　　　| 0 A | 即値定数

　　　ADD　A, 10　　　| C 6 | OP
　　　　　A←A+10　　　| 0 A | 即値定数

　　　OUT　(5), A　　 | D 3 | OP
　　　　　出力ポート　　| 0 5 | ポートアドレス
　　　　　(5)←A

　　　IN　A, (100)　　| D B | OP
　　　　　入力ポート　　| 6 4 | ポートアドレス
　　　　　A←(100)

タイプ2

オペコード
オペコード

ニーモニック表現　　　　機械語命令

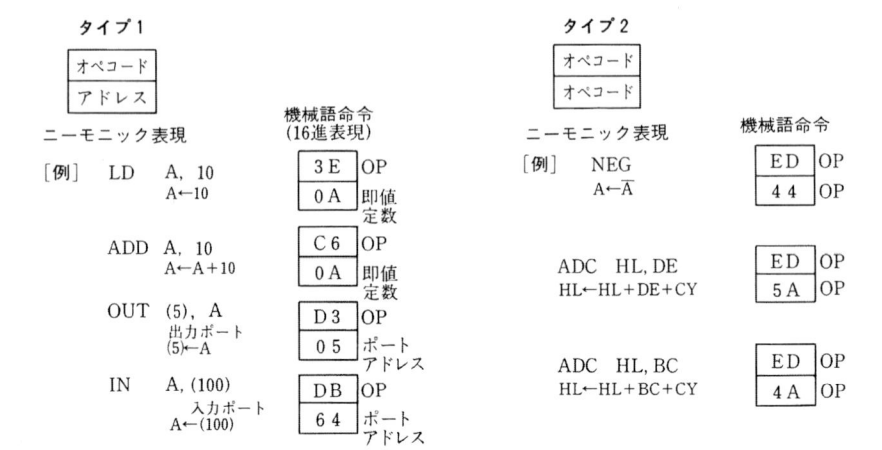

[例]　　NEG　　　　| E D | OP
　　　　A←$\overline{A}$　 | 4 4 | OP

　　ADC　HL, DE　　| E D | OP
　　HL←HL+DE+CY　 | 5 A | OP

　　ADC　HL, BC　　| E D | OP
　　HL←HL+BC+CY　 | 4 A | OP

図4・20

〈3バイト命令〉

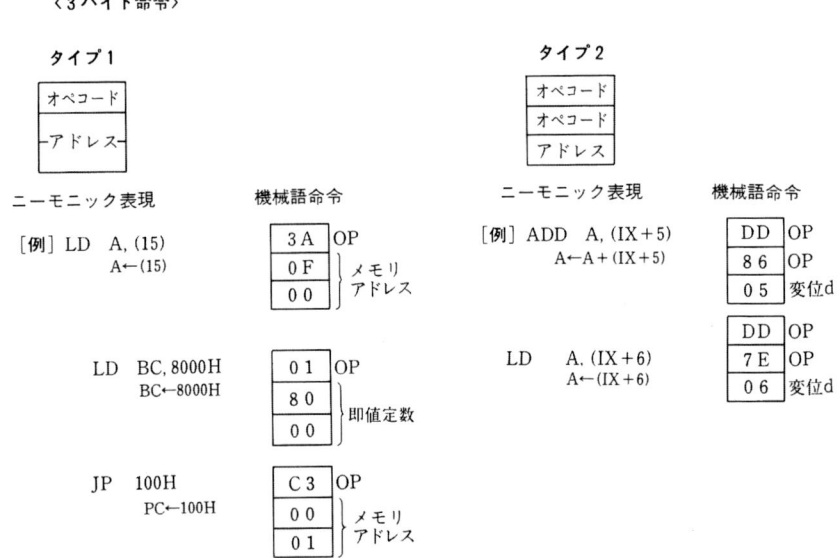

タイプ1

オペコード
アドレス

ニーモニック表現　　　　機械語命令

[例]　LD　A, (15)　　| 3 A | OP
　　　　A←(15)　　　　| 0 F | メモリアドレス
　　　　　　　　　　　| 0 0 |

　　　LD　BC, 8000H　| 0 1 | OP
　　　　BC←8000H　　 | 8 0 | 即値定数
　　　　　　　　　　　| 0 0 |

　　　JP　100H　　　 | C 3 | OP
　　　　PC←100H　　　| 0 0 | メモリアドレス
　　　　　　　　　　　| 0 1 |

タイプ2

オペコード
オペコード
アドレス

ニーモニック表現　　　　機械語命令

[例]　ADD　A, (IX+5)　| D D | OP
　　　　A←A+(IX+5)　　| 8 6 | OP
　　　　　　　　　　　 | 0 5 | 変位d

　　　LD　A, (IX+6)　 | D D | OP
　　　　A←(IX+6)　　　| 7 E | OP
　　　　　　　　　　　 | 0 6 | 変位d

図4・21

ドがメモリ上にあるか，2バイトの即値データであり2バイトのアドレス部を必要とするものである．

タイプ2は，インデックスアドレッシングの場合に対応し，アドレス部としては1バイトの変位を与える．

4バイト命令は図4・22に示すようにオペコードが2バイトであり，アドレス部の2バイトでメモリ上のオペランドを指定する場合とアドレス部の2バイトのうち，1バイトでインデックスアドレッシングの偏位を示し，残りの1バイトで1バイトの即値データを示す場合などがある．

〈4バイト命令〉

```
オペコード
オペコード
アドレス
```

ニーモニック表現
[例] LD BC, (8000H)
         B←(8001H)
         C←(8000H)

     LD (8000H), BC
         (8001H)←B
         (8000H)←C

機械語命令
```
ED │OP
4B │OP
00 │}メモリ
80 │ アドレス
```

```
ED │OP
43 │OP
00 │}メモリ
80 │ アドレス
```

ニーモニック表現
[例] LD (IX+5), 8
         (IX+5)←8

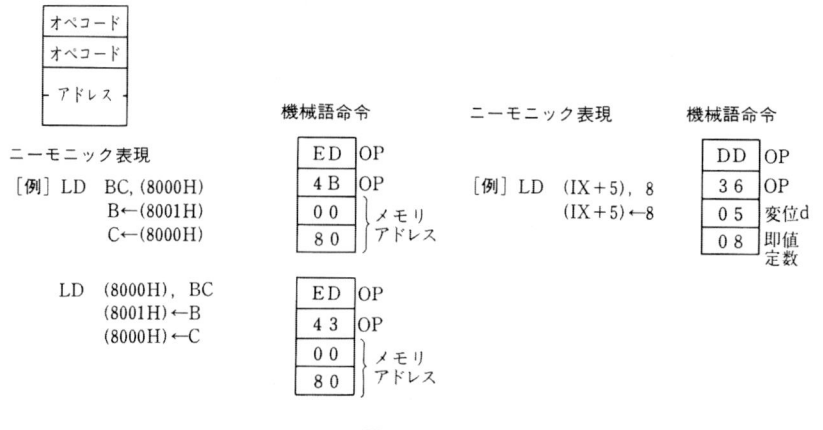

機械語命令
```
DD │OP
36 │OP
05 │変位d
08 │即値
    │定数
```

図4・22

第5章
Z80のアセンブラ

5.1 アセンブラ

コンピュータで英語の文章を日本語の文章に翻訳するときに，コンピュータを動かすプログラムを**言語翻訳プログラム**という（図5・1）．

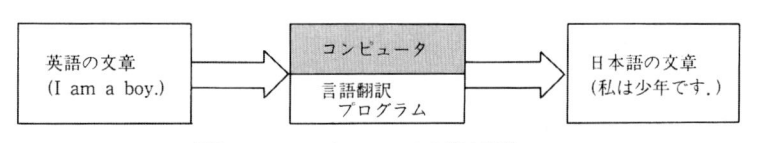

```
英語の文章         コンピュータ        日本語の文章
(I am a boy.)  →  言語翻訳      →   (私は少年です.)
                  プログラム
```

図5・1 コンピュータによる英文和訳

これと同様に，アセンブリ言語で書かれたプログラムを機械語のプログラムに翻訳するときに，コンピュータを動かすプログラムを**アセンブラ**という．そしてこのアセンブラで翻訳できるプログラム言語を**アセンブリ言語**という（図5・2）．

```
ソースプログラム       コンピュータ      オブジェクトプログラム
(アセンブリ言語で)  →             →   (機械語で書かれ)
 書かれたプログラム     アセンブラ        たプログラム
 (HALT)                              ( 76 )
```

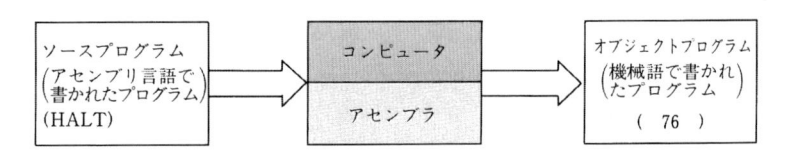

図5・2 アセンブラによるプログラム変換

アセンブリ言語や機械語は，MPUによって異なる．したがって，それぞれのMPU用のアセンブラがあるが，アセンブリ言語で書かれたプログラムを機械語プログ

ラムに変換するという機能は，どのアセンブラにも共通である．

アセンブリ言語で書かれたプログラムは**ソースプログラム** (Sourse Program) と呼ばれ，アセンブラで翻訳された機械語プログラムを**オブジェクトプログラム** (Object Program) と呼んでいる．

アセンブラの種類には，8ビット系MPUのアセンブラとして，Z 80アセンブラ，8085アセンブラ，6800アセンブラがある．16ビット系としては，8086アセンブラ，68000アセンブラ，Z 8000アセンブラがある．

5.2 アセンブリ言語

アセンブラで機械語に翻訳できる言語を**アセンブリ言語**と呼ぶ．

アセンブリ言語には，機械語命令に対応した**ニーモニックコード**と，アセンブラに操作を指示する**命令コード**（擬似命令）がある．擬似命令には対応する機械語はない．このことを図5・3，図5・4に示す．

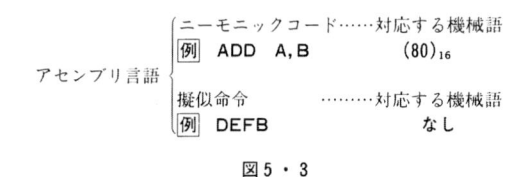

```
              ┌ ニーモニックコード……対応する機械語
              │ 例 ADD  A, B         (80)₁₆
アセンブリ言語 ┤
              │ 擬似命令            ………対応する機械語
              └ 例 DEFB              なし
```

図5・3

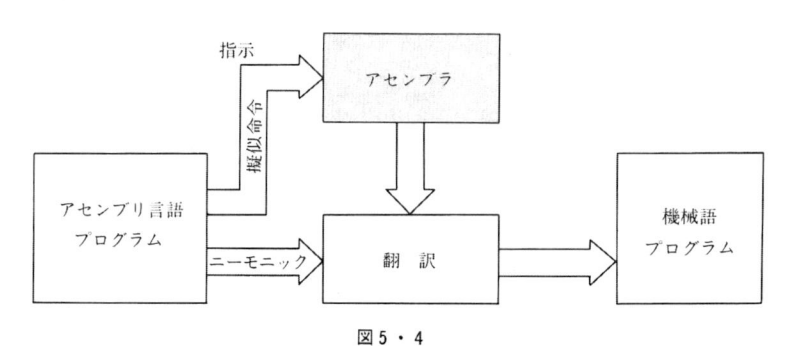

図5・4

またアセンブリ言語で書かれた命令文の最小単位を**ステートメント**という．ステートメントをいくつか集めてプログラム（文章のようなもの）ができる．ステートメントには書式（文法のようなもの）がある．次にこの書式について述べる．

5.2.1 アセンブリ言語の書式（フォーマット）

アセンブリ言語の文は，1行で完結する**命令文**（ステートメントという）であり，次の四つの欄（Field）で構成される．各欄間は一つ以上のスペースかタブが必要である．例を図5・5に示す．

```
 ラベル欄      オペコード欄     オペランド欄        コメント欄

STAR:        ADD            A,B            ;A←A+B
```

図5・5

- **ラベル欄**…………そのステートメントに付けられた固有名のアドレス名かネームを書くところ．
- **オペコード欄**……命令の操作を表すコードを書くところ．
- **オペランド欄**……オペコード欄に書いた操作の対象，または操作を詳しく規定するところ．
- **コメント欄**………そのステートメントの説明を書くところ．

1 ラベル欄の記入法　ラベル欄には，ラベルとネームのどちらかを記入する．ラベルとはその文の位置を表す記号アドレスである．またネームとは，単なるシンボル名である．

ラベル欄に記入する記号の規則は次の四つである．

- 規則1……6文字以内の英数字，＄？．＠の特殊文字であること．
- 規則2……最初の文字は必ず英文字（A～Z）であること．
- 規則3……記入されたラベルの最後には必ず：（コロン）を付けること．ただし，EQU擬似命令のときはネームであるのでコロンは付けてはならない．
- 規則4……アセンブリ言語の予約語は使用できない．予約語は，レジスタ名，フラグ名，ニーモニックコード，アセンブラの擬似命令である．

次に正しい例と規則に反する例をあげる．

TOKYO：	正しい．
MIN+X：	規則1に反する． ＋が英数字以外．
MAXMIMUM：	規則1に反する． 6文字以上である．
1ABC：	規則2に反する．
ADD1	規則3に反する（ラベルの場合）．
ADD：	規則4に反する．
LARGE1：	正しい．

問題1 次の記号でラベル欄に記入できないものをあげ理由を述べよ．
(1) ALOOP＄； (2) 500T： (3) PASS−1：
(4) LD12345： (5) MIN+MAX： (6) YYY：

【解答】
(1) ；が規則3に反する．
(2) 規則2に反する．
(3) −が規則1に反する．
(4) 7文字で規則1に反する．
(5) ＋が規則1に反する．

2 **オペレーションコード欄（オペコード欄）の記入法** オペレーションコード欄は，命令の略号を記入する欄であり，ニーモニックコードや擬似命令のオペレーションコードを記入する．

- **ニーモニックコード** ……ADD　LD　JP　AND
- **擬似命令** ………………ORG　EQU　END　DEFB

問題2 次の記号でオペコード欄に記入できる記号をあげよ．
(1) SUB (2) ADD1 (3) STOP (4) END
(5) NZ (6) DEC (7) RLCA (8) EQU

【解答】
(1), (4), (6), (7), (8)

3 **オペランド欄の記入法** オペランド欄には，ニーモニックコードのオペ

```
         ラベル欄      オペコード欄    オペランド欄
         LOOP:       ADD           A B
                     JP            NZ, LOOP      記号アドレス
```

図5・6

ランド部，ラベル欄に記入されている記号アドレスや，数値定数，文字定数を記入できる（図5・6）．

オペランドに記述できる数値，文字，記号は次のとおりである．

- **レジスタ名**………A，B，C，D，E，H，L，I，R
- **レジスタ対名**……AF，BC，DE，HL，IX，IY，SP
- **補助レジスタ名**…AF′，BC′，DE′，HL′
- **フラグ条件記号**…C，NC，Z，NZ，M，P，PE，PO
- **数値定数**

■ **16進数値**（Hexdecimal）　16進の数値の場合は，最初の文字が数字（0～9）で最後の数字の後にHを付けなければならない．

  |例|　16進の1985は1985Hと書く．
  　　　　16進のFAは，最初が英文字のFであるから，数字の0（ゼロ）を付けて0FAHと書かなければならない．

■ **10進数値**（Decimal）　10進の数値の場合は，最後の数字の後にDを付けるか，何も付けなくても10進の数値とされる．

  |例|　1985Dと1985は同じ10進の1985と解釈される．

■ **8進数値**（Octal）　8進の数値の場合は，最後の数字の後にOかQを付ける．

  |例|　3467Oと3467Qは同じ8進3467を示す．

■ **2進数値**（Binary）　2進の数値の場合は，最後の数字の後にBを付ける．

  |例|　2進数の$(1010)_2$は1010Bと表す．

- **アドレスカウンタ**（ロケーションカウンタともいう）……アドレスカウンタを示す記号は$であり，アセンブルされているステートメントのアドレスを示すカウンタである．

  |例|　JP　$＋5　；この命令のアドレスから5番地先に飛べという意味の命令

となる．

- **文字定数**（ASCII コード）……1組のシングルコーテーション（' '）で囲まれた文字列は，ASCII コードの文字定数として使用できる．

  例　'A' は16進の 41 と同じである．

- **記号アドレス**……ラベル欄に書かれた記号はすべてオペランドに記述できる（図5・7）．

  この例では，記号アドレスの DATA を命令 `LD HL, DATA` のオペランドに使用している．

```
 ラベル    オペコード   オペランド
           LD         HL, DATA
            ：
 DATA:    DEFB       1, 2, 3, 4
```

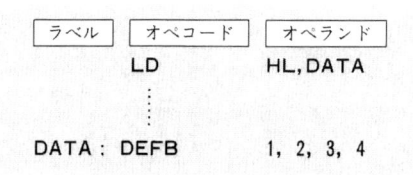

図5・7

4　コメント欄の記入法　コメントは，アセンブルには必要ないが，ソースプログラムの見直しや修正変更のときに便利であるから，可能な限り付けておくのがよい．**セミコロン**（;）の後にコメントの記述をすればよい（図5・8）．

この例のようにオペランドの後に（;）コメントを記入してもよい．

また，ラベル欄の最初にセミコロン（;）を付けて，その行全体をコメント行にしてもよい．

```
 ラベル     オペコード   オペランド      コメント
 LOOP:     ADD         A, B          ; A←A+B
 ; *** MAIN            PROGRAM       ***
```

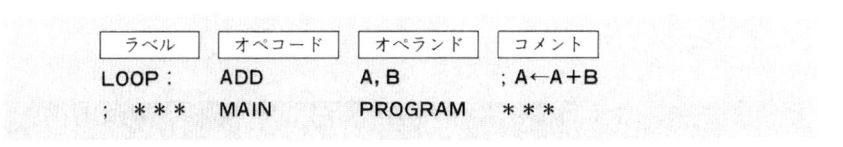

図5・8

5.2.2　擬似命令

アセンブリ言語には，ニーモニックコードと擬似命令がある．ニーモニックコードは，アセンブラでアセンブルされて機械語になり，メモリのプログラムエリアにストアされる．

しかし，ニーモニックコードでは，プログラムエリアの指定，データエリアの指定はできない．これらの指定を行う命令を擬似命令という．

擬似命令は，ニーモニックコードと同様のステートメント構成でソースプログラム中に記述される．

一般に，擬似命令はアセンブラに対する命令である．

ソースプログラムを作るのに最低限必要な擬似命令を次にあげ，それぞれの命令の意味と使用法，記述法を述べる．

擬似命令の記述形式を表5・1に示す．

表5・1 擬似命令の記述形式

ラベル欄	オペコード欄	オペランド欄	擬似命令の機能
	ORG	nn	；アドレスカウンタ制御
name	EQU	nn	；記号定義
label	DEFB	n	；バイトデータ定義
label	DEFW	nn	；ワードデータ（2バイト）定義
label	DEFS	nn	；メモリエリアリザーブ
label	DEFM	'character'	；メッセージデータ定義
	END	(nn)	；アセンブル終了指定

nameは必ずネームを付けなければならない　　nnは16ビットで表せる数
labelは必ずしもラベルを付ける必要はない　　nは8ビットで表せる数
空白はラベルを付けてはならない　　(nn)は空白か16ビットで表せる数

1　ORG擬似命令(Origin：オリジン)　　ORG擬似命令は，アセンブラがソースプログラムをオブジェクトプログラムに変換するとき，オブジェクトプログラムをメモリの何番地以降に格納するかを指示する命令である．つまりアセンブラの**アドレスカウンタ**（ロケーションカウンタ）にオペランドで指定した値をセットする命令である．

ORG

フォーマットは ORG　nn で，nnは16ビットの数である．

ORG擬似命令は，ソースプログラム中で何度でも使用できる．表5・2のORG命令の使用例， ORG　100H では，アドレスカウンタを16進の100にセットし ORG　200H で，16進の200にセットしている．

5.2 アセンブリ言語

表 5・2 ORG の使用例

オブジェクトプログラム		ソースプログラム			
アドレスカウンタ (16進)	機械語 (16進)	ラベル	オペコード	オペランド	コメント
			ORG	100H	
100	78	TOP :	LD	A, B	
101	41		LD	B, C	
⋮	⋮		⋮	⋮	
			ORG	200H	
200	4F		LD	C, A	
201	76		HALT		

問題 1 アドレスカウンタを次の値にセットする擬似命令を書け．

(1) $(1000)_{16}$ (2) $(ABCD)_{16}$ (3) $(100)_{10}$
(4) $(765)_8$ (5) (現在のアドレスカウンタの値) + 5

【解答】
(1) ORG 1000 H (2) ORG 0ABCDH (3) ORG 100
(4) ORG 765 O (5) ORG $ + 5

問題 2 次の擬似命令でセットされるアドレスカウンタの値を求めよ．

(1) ORG 1123 O (2) ORG 12345 H
(3) ORG $ + 6 (4) ORG 0FBAH

【解答】
(1) $(1123)_8$ (2) $(2345)_{16}$
(3) (現在のアドレスカウンタの値) + 6 (4) $(FBA)_{16}$

2 END 擬似命令 END 擬似命令は，ソースプログラムの終わりをアセンブラに指示する命令である．アセンブラは，翻訳作業をこの END 命令のところで終了する．したがってソースプログラムの最後のステートメントは END 命令でなければならない．

END

図 5・9 に簡単なソースプログラムとそれをアセンブルしたオブジェクトプログ

```
    ソースプログラム                        オブジェクトプログラム
                                       アドレスカウンタ    機械語(16進)
    ORG  100H          アセンブル
    LD   A, B          ⇒               100H           78
    HALT                                101H           76
    END
```

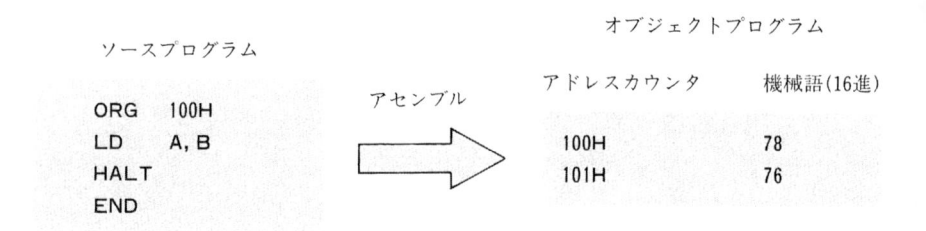

図5・9 アセンブル

ラムを示す．END 100H は，プログラムの開始番地が$(100)_{16}$であることを示す．

3 EQU擬似命令（Equal：イコール）　EQU命令は，ラベル欄に書いたネームとオペランド欄の値が等しいと定義する命令である．ネームは必ず記号，オペランドには必ず記号か数値のどちらかを記入しなければならない．また，**ネームの最後に：(コロン)を付けてはならない**（図5・10）．

EQU

```
  ラベル   オペコード   オペランド      コメント
  TOKYO   EQU        2000         ; TOKYO=2000
```

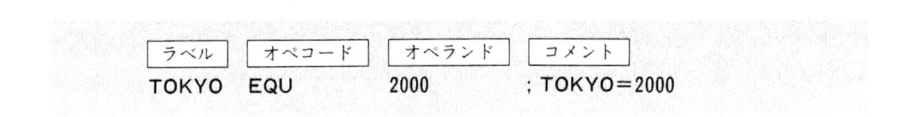

図5・10

このステートメントにおいてTOKYOと2000は等しいと定義される．EQU 命令は，次のような目的で使用されることが多い．

① 同じ数値がプログラム中に何箇所もある場合．

　この命令で記号化しておくと，後でこの数値を変更するとき，この命令のオペランドの数値のみを変更すればよい．

　図5・11では，数値の20をCOUNTというネームで記号化し，プログラム中で2度COUNTを使用している．

② 数値が特別な意味を持つ場合．

　この数値の意味が連想できる記号を付ける(図5・12)．

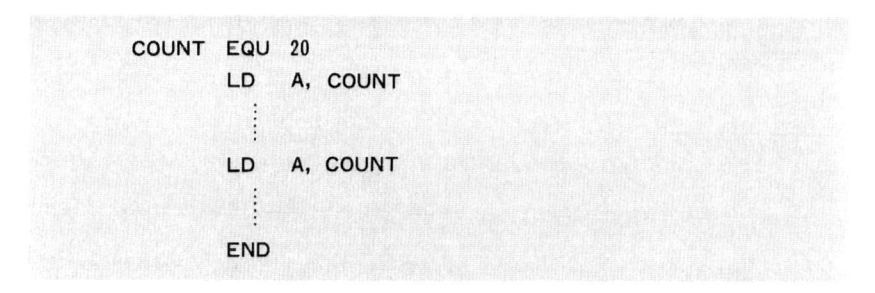

```
COUNT  EQU  20
       LD   A, COUNT
       ⋮
       LD   A, COUNT
       ⋮
       END
```

図 5・11

```
DOLL  EQU  130
```

このステートメントの130は，為替レートが1ドル130円であることを意味する．

図 5・12

③ アドレスカウンタ（$）の値を符号化する（図5・13）．

```
        ORG   100H
START   EQU   $              100
        LD    A, 1           100  3E  01
LOOP    EQU   $              102
        DEC   B              102  05
        JP    NZ, LOOP       103  C2  02  01
        HALT                 106  76
        END
```
(a) ソースプログラム　　　(b) オブジェクトプログラム

図 5・13

このプログラムでは，START は 16 進の 100，LOOP は 16 進の 102 と等しいと定義されている．

4 **DEFB 擬似命令**（Define Byte：デファインバイト）　DEFB 命令は，メモリ内に1バイトの数値を定義する命令である．この命令のステートメントのアドレスカウンタの値のメモリ番地に，オペランドの数値をセットする（図5・14）．

DEFB

```
          ORG   300H         アドレス    内容
DATA :    DEFB  0            300        00
          DEFB  15H          301        15
          DEFB  2            302        02
JOB :     DEFB  0, 1, 2 ───→ 303        00
          END          ───→ 304        01
                       ───→ 305        02
     (a) ソースプログラム    (b) オブジェクトプログラム
```

図 5・14

　この例では，DATA 番地に 0，DATA＋1 番地に 16 進の 15，DATA＋2 番地に 2 がセットされ JOB 番地以降 3 番地に 0，1，2 がセットされる．また JOB 番地以降 3 番地に 8，9，7 をセットしたいときは，オペランドに 8，9，7 とセットしたい数値を，(コンマ)で区切って記入すればよい．

問題 3　TABLE 番地以降 4 バイトに，100，63，24，9 の数値をセットする命令を DEFB 擬似命令を用いて作成せよ（図 5・15）．

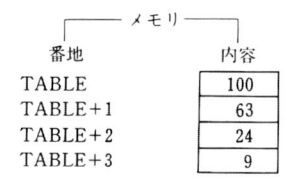

```
         ┌── メモリ ──┐
   番地           内容
   TABLE          100
   TABLE+1        63
   TABLE+2        24
   TABLE+3        9
```

図 5・15

【解答】

```
TABLE : DEFB   100, 63, 24, 9
```

図 5・16

5 DEFW 擬似命令 (Define Word：デファインワード)　　DEFW 命令は，メモリ内に 1 ワード（2 バイト）の数値を定義する命令である．この命令のステートメントのアドレスカウンタの値のメモリ番地と次の番地に，オペランドの数値 2 バイトをセットする（図 5・17）．

DEFW

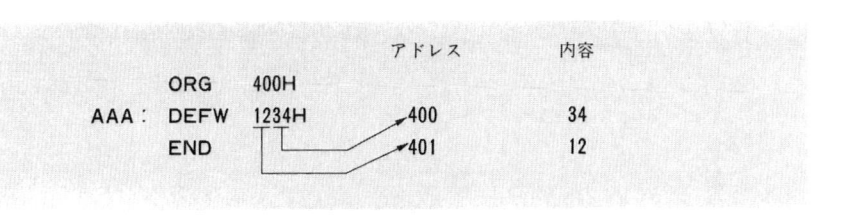

```
              アドレス    内容
      ORG  400H
AAA:  DEFW 1234H  → 400    34
      END         → 401    12
```

図 5・17

　この例では，AAA 番地に 16 進の 34，AAA＋1 番地に 16 進の 12 がセットされている．オペランドに書かれた数値の上位バイトはメモリ番地の上位アドレスの 401 H 番地に，下位バイトは下位アドレスの 400 H 番地にそれぞれセットされる．

問題 4　BBB 番地以降 4 バイトに，8，9，6，7 の数値をセットするプログラムを DEFW 擬似命令を用いて作成せよ．

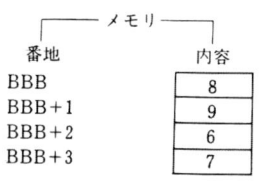

```
    ─── メモリ ───
  番地         内容
  BBB          8
  BBB+1        9
  BBB+2        6
  BBB+3        7
```

図 5・18

【解答】

```
BBB:  DEFW  0908 H
      DEFW  0706 H
      END
```

図 5・19

問題 5　図 5・20 のソースプログラムをオブジェクトプログラムにアセンブルせよ．

```
         ORG    600H
DATA:    DEFW   0ABCH
STAR:    DEFW   $
         END
```

図 5・20　ソースプログラム

【解答】

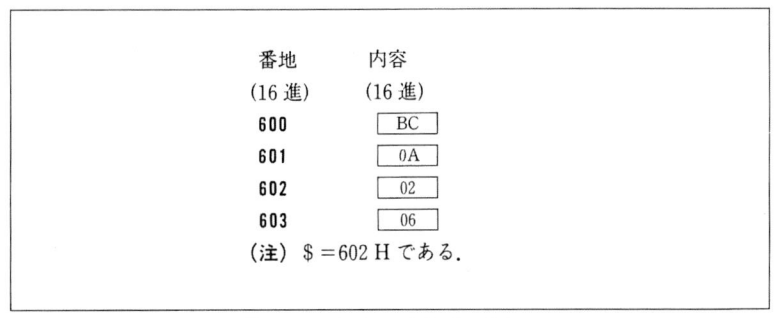

```
            番地      内容
           (16進)    (16進)
            600     [ BC ]
            601     [ 0A ]
            602     [ 02 ]
            603     [ 06 ]
    (注) $ = 602 H である．
```

図 5・21　オブジェクトプログラム

6　**DEFS 擬似命令**（Define Storage：デファインストレージ）　DEFS 命令は，オペランドに書かれた数値のバイト数だけメモリのスペースを確保する命令である（図 5・22）．

DEFS

```
         ソースプログラム         アドレス      内容
         ORG   500H
SUM:     DEFS  2  ─────→   ┌500      [    ] ┐
         END                └501      [    ] ┘ 未定
```

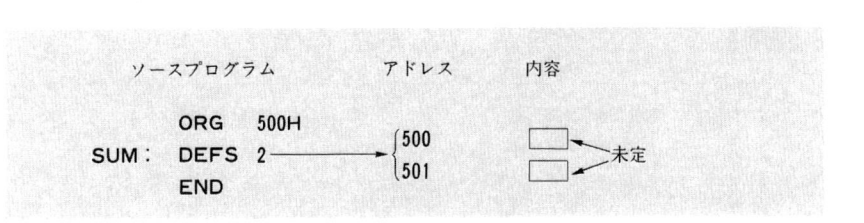

図 5・22

上記の例では，SUM 番地（＝500 H 番地）と SUM＋1 番地（＝501 H 番地）のメモリエリア 2 バイト分を確保している．

問題 6 DATA 番地以降 256 バイトのメモリエリアと SUM 番地以降 64 バイト分のメモリエリアを確保する命令を書け（図 5・23）．

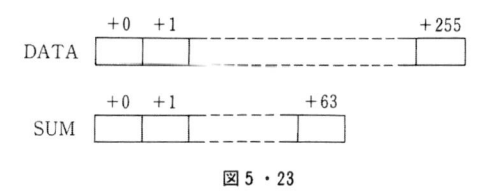

```
          +0  +1              +255
    DATA [   |   |----------|    ]
          +0  +1      +63
    SUM  [   |   |----|    ]
```

図 5・23

【解答】

```
DATA:   DEFS  256
SUM :   DEFS  64
        END
```

図 5・24

問題 7 2000 H 番地以降 4 K バイトを ROM エリア，3000 H 番地以降 8 K バイトを RAM エリアと定義する命令を書け（図 5・25）．

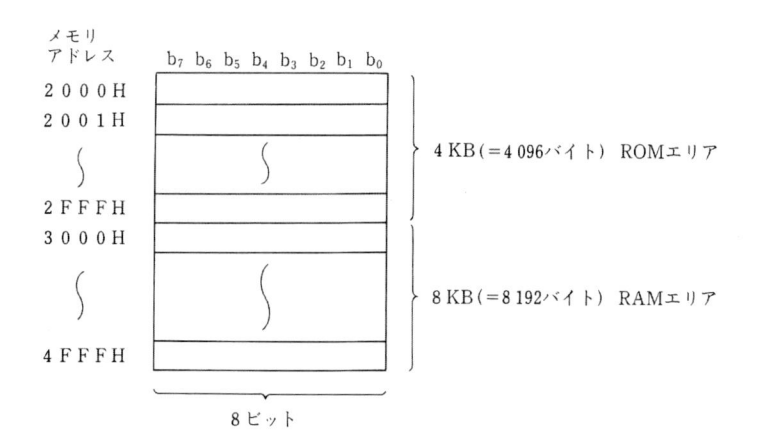

```
メモリ
アドレス   b₇ b₆ b₅ b₄ b₃ b₂ b₁ b₀
2 0 0 0 H
2 0 0 1 H                           ┐
                                    ├ 4 KB（＝4 096 バイト） ROM エリア
2 F F F H                           ┘
3 0 0 0 H                           ┐
                                    ├ 8 KB（＝8 192 バイト） RAM エリア
4 F F F H                           ┘
          ←──── 8 ビット ────→
```

図 5・25

【解答】
```
        ORG   2000H
ROM：   DEFS  4096
        ORG   3000H
RAM：   DEFS  8192
        END
```

図 5・26

7 DEFM 擬似命令 (Define Message：デファインメッセージ)　　DEFM 命令は，メッセージ用の文字列をメモリにセットする命令である．' '（**シングルコーテーション**）で囲まれた文字列は，それぞれの文字が ASCII（アスキー）コードに変換され，メモリにセットされる（図 5・27）．

DEFM

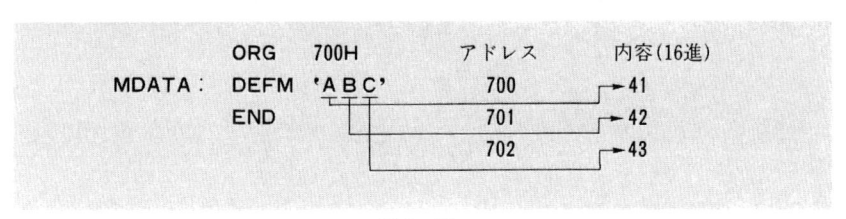

```
           ORG   700H          アドレス    内容(16進)
MDATA：   DEFM  'ABC'          700         41
           END                 701         42
                               702         43
```

図 5・27

この例では，MDATA 番地（700H 番地）に文字 A の ASCII コード 41H がストアされ，MDATA＋1 番地と MDATA＋2 番地に文字 B,C の ASCII コード 42H，43H がそれぞれセットされる．ASCII コードは第 2 章ですでに説明されているので参照すること．

|問題 8|　文字列 MICRO-COMPUTER の ASCII コードをメモリにセットするステートメントを DEFM 命令を用いて書け．

【解答】
　　　　　DEFM 'MICRO-COMPUTER'

5.3 簡単なプログラム

Z80の命令をすべて学んでからプログラムを組むことは，理想的ではあるが初心者にとっては，非常に多くの命令があるため難しいことである．

この節では，数個の命令語を説明して，それらを用いたプログラムを作成して，アセンブリ言語プログラムの作り方の基本を学ぶことにする．

5.3.1 レジスタの内容を交換するプログラム

BレジスタとCレジスタの内容を交換するプログラムを作成するためには，レジスタとレジスタの間でデータを転送できる命令が必要である．

この命令は，LD r, r' である．この命令を説明する．

> LD r, r'　　［機能］　r ← r'
> r'レジスタの内容をrレジスタに転送する命令であり，レジスタr, r'はレジスタA，B，C，D，E，H，Lのレジスタのいずれかである．

たとえば，LD A, B の命令は，Bレジスタの内容をAレジスタに転送する命令である．この命令を使用して，BレジスタとCレジスタの内容を交換するには，次の手順が必要である．

- 手順1……Bレジスタの内容をAレジスタに転送する．
- 手順2……Cレジスタの内容をBレジスタに転送する．
- 手順3……Aレジスタの内容をCレジスタに転送する．
- 手順4……Z80のMPU停止．

この手順，フローチャート，ソースプログラムを図5・28に示す．

```
                    レジスタBとCの
                      内容を交換
                         │
   Bレジスタ    Cレジスタ      ↓
   ┌─────┐ ② ┌─────┐    ┌─────────┐
   │     │←──│     │    │ 手 順 ①  │      LD  A, B
   └─────┘   └─────┘    └─────────┘
      ① ↘   ↗ ③              │
         ↘ ↗                 ↓
        ┌─────┐         ┌─────────┐
        │     │         │ 手 順 ②  │      LD  B, C
        └─────┘         └─────────┘
        Aレジスタ              │
                              ↓
                        ┌─────────┐
                        │ 手 順 ③  │      LD  C, A
                        └─────────┘
                              │
                              ↓
                        ┌─────────┐
                        │ 手 順 ④  │      HALT
                        └─────────┘
                              │
                              ↓
                        ╱ 終わり ╲         END
```

  (a) 手順   (b) フローチャート   (c) ソースプログラム

図 5・28

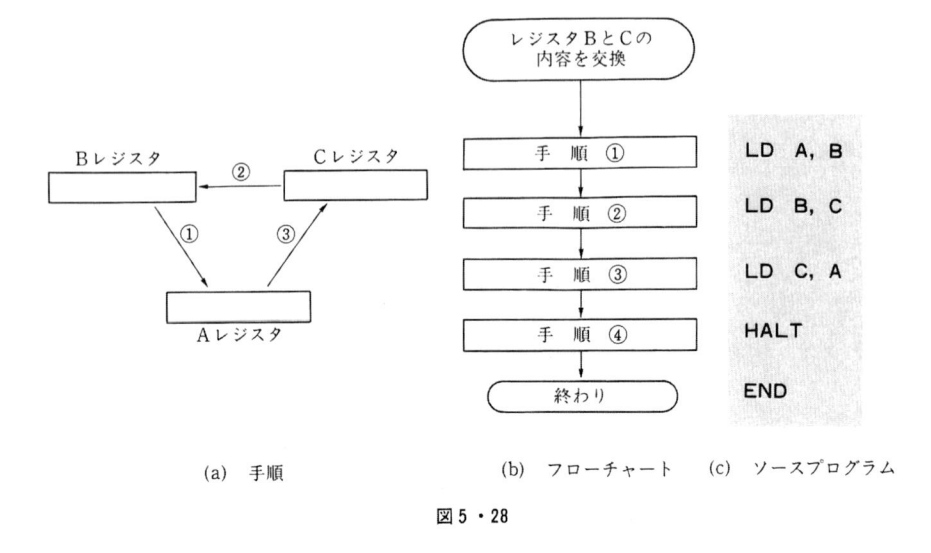

問題 9 レジスタ B, C, D, E, H, L の内容を A レジスタの内容と同じにするソースプログラムを作れ.

【解答】

```
        LD  B, A
        LD  C, A
        LD  D, A
        LD  E, A
        LD  H, A
        LD  L, A
        HALT
```

図 5・29 ソースプログラム

5.3.2 メモリの内容を交換するプログラム

 Z80 の命令には, メモリとメモリの間でデータを転送できるものはないが, メモリと A レジスタの間でデータを転送する命令がある. この命令を説明する.

5.3 簡単なプログラム

LD A, (nn)　［機能］　A ← (nn)
nn 番地のメモリの内容を A レジスタに転送する命令である．nn の範囲は $0 \leqq nn \leqq 65535$ である．

LD (nn), A　［機能］(nn) ← A
A レジスタの内容をメモリの nn 番地に転送する命令である．

メモリの XXX 番地と YYY 番地の内容を交換するには，次の手順のプログラムが必要である．

- 手順1 ……XXX 番地の内容を A レジスタに転送する．
- 手順2 ……A レジスタの内容を B レジスタに転送する．
- 手順3 ……YYY 番地の内容を A レジスタに転送する．
- 手順4 ……A レジスタの内容を XXX 番地に転送する．
- 手順5 ……B レジスタの内容を A レジスタに転送する．
- 手順6 ……A レジスタの内容を YYY 番地に転送する．

この手順，ソースプログラムを図5・30に示す．

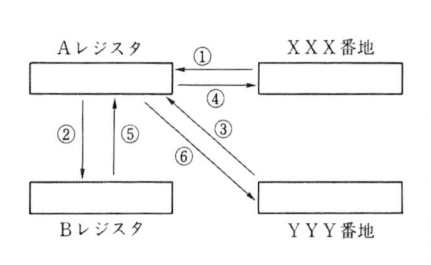

```
          LD    A, (XXX)    ;手順①
          LD    B, A        ;手順②
          LD    A, (YYY)    ;手順③
          LD    (XXX), A    ;手順④
          LD    A, B        ;手順⑤
          LD    (YYY), A    ;手順⑥
          HALT
XXX:      DEFS  1
YYY:      DEFS  1
          END
```

　　　(a) 手　順　　　　　　　　(b) ソースプログラム

図5・30

レジスタとメモリ間でデータ転送をする方式の一つにレジスタ間接方式がある．その命令の説明を行う．

LD r, (HL)　　［機能］r ← (HL)

HLレジスタの内容をアドレスとするメモリの内容を，rレジスタに転送する．

rレジスタはレジスタA，B，C，D，E，H，Lのいずれかである．

LD (HL), r　　［機能］(HL) ← r

rレジスタの内容を，HLレジスタの内容をアドレスとするメモリに転送する．

またrレジスタに8ビット，16ビットの数をセットする命令は，次のようになる．

LD r, n　　［機能］r ← n　　0 ≦ n ≦ 255

8ビットの数nをrレジスタにセットする．

rレジスタはレジスタA，B，C，D，E，H，Lのいずれかである．

LD HL, nn　　［機能］HL ← nn　　0 ≦ nn ≦ 65535

16ビットの数nnをペアレジスタHLにセットする．

これらの命令を使用して，XXX番地とYYY番地の内容を交換するプログラムを作ると，図5・31のようになる．

このプログラムを説明すると，XXX番地，YYY番地の内容をそれぞれAレジスタ，Bレジスタに転送して，レジスタA，Bの内容をそれぞれXXX番地，YYY番地に転送している．

5.3 簡単なプログラム

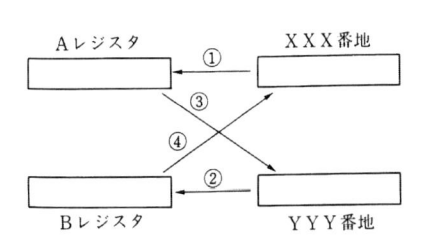

```
        LD    HL, XXX
        LD    A, (HL)    ; 手順①
        LD    HL, YYY
        LD    B, (HL)    ; 手順②
        LD    (HL), A    ; 手順③
        LD    HL, XXX
        LD    (HL), B    ; 手順④
        HALT
XXX:    DEFS  1
YYY:    DEFS  1
        END
```

(a) 手 順　　　　　　　　(b) ソースプログラム

図 5・31

第 6 章

Z80 の命令

Z80 の命令は 158 種あり，たいへん数が多い．

この 158 種の命令を機能別のグループに分けると 8 種のグループになるが，本章では，それぞれのグループの命令を簡単な例をあげながらわかりやすく説明していく．

命令語のオペランドに用いる記号を表 6・1 のように定める．

表 6・1

記 号	意　　　　　　　　味
r	レジスタA，B，C，D，E，H，Lのいずれかを指定する．操作は，そのレジスタの内容について行う．
r′	記号 r とまったく同じである．r と区別するために r′ を用いる．
n	0≦n≦255の範囲の値である．8ビットの値である．
nn	0≦nn≦65535の範囲の値である．16ビットの値である．
d	−128≦d≦127の範囲の値である．最上位を符号ビットとする8ビットの値である．
b	0≦b≦7の範囲の値である．
e	−126≦e≦129の8ビットの値である．
(nn)	16ビットの値nnで指定されるメモリのnn番地を示す．操作はnn番地の内容について行う．
(n)	8ビットの値nで指定される入力ポートか出力ポートを示す．操作は，ポートの内容について行う．
cc	JP，CALL，RET命令の条件となるフラグの状態を示す． C，NC，Z，NZ，M，P，PE，POのいずれかである．
qq	レジスタペアBC，DE，HL，AFのいずれかを示す．
ss	レジスタペアBC，DE，HL，SPのいずれかを示す．
pp	レジスタペアBC，DE，IX，SPのいずれかを示す．
rr	レジスタペアBC，DE，IY，SPのいずれかを示す．
dd	レジスタペアBC，DE，HL，SPのいずれかを示す．
s	r，n，(HL)，(IX+d)，(IY+d)のいずれかを示す
m	r，(HL)，(IX+d)，(IY+d)のいずれかを示す．

6.1 ロード命令（転送命令）　　　101

命令語の説明は次のスタイルで説明を行う．

```
┌─────────────────────────────────────────────────┐
│  ┌─────────────┐                                │
│  │ ニーモニック │ ［機能］　記 号 化　（機械語）_____ │
│  └─────────────┘                （フラグ）_____ │
│                                                 │
│ 【機能の説明】                                   │
│  ─────────────────────────────────────────────  │
│  ─────────────────────────────────────────────  │
└─────────────────────────────────────────────────┘
```

図 6・1

6.1　ロード命令（転送命令）

　この命令は，8ビットあるいは16ビットのデータを，任意の場所(**ソース**：転送元：Source）から，ほかの場所（**転送先**：**デスティネーション**：Destination）に転送（コピーと同じ）させる命令である．この命令は，データをレジスタ，メモリの任意の場所から場所へ移動させる命令でプログラムの中で最も多く使用される命令である．場所の指定方式（アドレッシング方式という）で種々の形式に分けられる．

　ロードは，英語のLOADの荷物を運ぶ意味であり，LOADを短縮したLDの記号を用いる．

　ロード命令の基本フォーマットは，図6・2のとおりである．

```
┌─────────────────────────────────────────────────┐
│           LD　　デスティネーション，ソース        │
└─────────────────────────────────────────────────┘
```

図 6・2

　ロード命令の機能を図で示すと図6・3のようにソースの各ビットをデスティネーションの対応するビットに転送する．図では，ソースの内容$(10011001)_2$をデスティネーションに転送している．

　デスティネーションは，レジスタかメモリのどちらかであり，ソースはレジスタ，メモリか数値（イミーディエット）のいずれかである．

	b_7 b_6 b_5 b_4 b_3 b_2 b_1 b_0	
ソースの内容	1 0 0 1 1 0 0 1	転送前後の内容
	↓ ↓ ↓ ↓ ↓ ↓ ↓ ↓ 転送	
デスティネーションの内容	1 0 0 1 1 0 0 1	転送後の内容

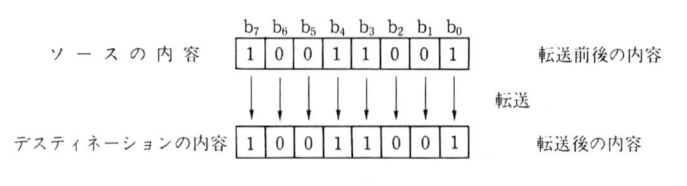

図6・3

```
         デスティネーション , ソース
LD       レジスタ, レジスタ        ; レジスタ・レジスタ間転送
LD       メモリ  , レジスタ  ⎫
LD       レジスタ, メモリ    ⎬   ; レジスタ・メモリ間転送
LD       レジスタ, 数 値            ; レジスタにデータをセットする
LD       メモリ  , 数 値            ; メモリにデータをセットする
```

6.1.1 レジスタ・レジスタ間転送命令

ソース，デスティネーションがともにレジスタである命令である．この命令のフォーマットは LD r, r' である．詳細を次に示す．

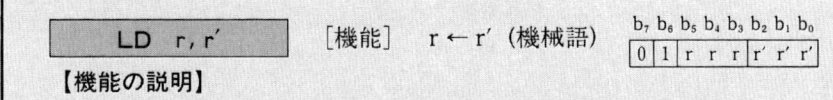

LD r, r'　　［機能］　r ← r'（機械語）　b_7 b_6 b_5 b_4 b_3 b_2 b_1 b_0
　　　　　　　　　　　　　　　　　　　　　　 0 1 r r r r' r' r'

【機能の説明】
rレジスタにr'レジスタの内容を転送する．
r, r'はレジスタの記号 A, B, C, D, E, H, L のいずれかを記入する．
rがデスティネーション，r'がソースのレジスタである．

たとえば LD A, B は，Bレジスタの内容をAレジスタに転送する命令である．つまり，Aレジスタ，Bレジスタの内容がそれぞれ$(15)_{10}$, $(32)_{10}$のときこの命令を実行すると，図6・4に示すようにAレジスタの内容はBレジスタの内容と同じ$(32)_{10}$となりBレジスタの内容は変化しない．

また，この命令の機械語は，Aレジスタ，Bレジスタの2進符号（表6・1参照）がおのおの111, 000 より rrr=111, r'r'r'=000 であるから 0 1 r r r r' r' r' に代入して 0 1 1 1 1 0 0 0 となる．

6.1 ロード命令（転送命令）

```
              Aレジスタ           Bレジスタ
実行前のレジスタの内容  [  15  ]   転送   [  32  ]
実行後のレジスタの内容  [  32  ] ←──    [  32  ]

              命令 [ LD A, B ] の実行
```

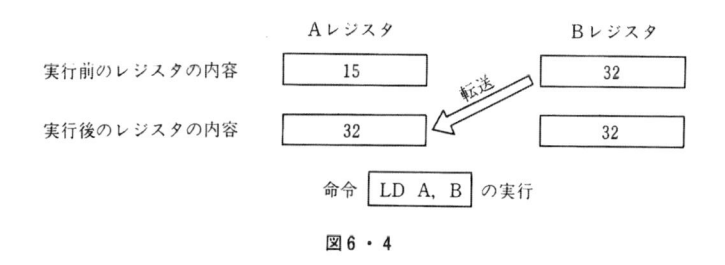

図6・4

表6・2　レジスタ名の2進符号化表

レジスタ名	2進符号
r/r'	rrr/r' r' r'
B	000
C	001
D	010
E	011
H	100
L	101
A	111

問題1　HレジスタにDレジスタの内容を転送する命令を答えよ．また，その命令の機械語を書け．

【解答】

```
ニーモニック [ LD H, D ]   機械語 [ 01100010 ]
```

6.1.2 レジスタ・メモリ間転送命令

この転送命令は，メモリの番地の指定方法によって，直接アドレッシング，レジスタ間接アドレッシング，インデックスアドレッシングの三つのモードに分けられる．最初に直接アドレッシングについて説明する．

❶ 直接アドレッシングモード　このアドレッシングモードは，命令の中に指定するメモリ番地を含む．このモードの利点は，メモリの全番地を直接指定で

きることであり，欠点は命令の機械語長が長くなることである．

このアドレッシングモードは，拡張アドレッシングモードとも呼ばれる．

この命令の一つである LD A, (nn) 命令について説明する．

LD A, (nn)　　［機能］A←(nn番地)　（機械語）

$(3A)_{16}$
nnの下位8ビット
nnの上位8ビット

【機能の説明】

16ビットの数nnを番地とするメモリの内容をAレジスタに転送する．nnの数の範囲は $0 \leq nn \leq 65535$ である．

たとえば，メモリの$(3000)_{16}$番地の内容をAレジスタに転送する命令は，LD A, (3000 H) である．また，nn=3000 Hであるから，nnの下位8ビットは00 H，上位8ビットは30 Hであることより機械語は1バイト目 $(3A)_{16}$ 2バイト目 $(00)_{16}$ 3バイト目 $(30)_{16}$ である．

メモリの3000H番地の内容が$(50)_{10}$のとき，この命令を実行すると，Aレジスタの内容も$(50)_{10}$となる（図6・5）．

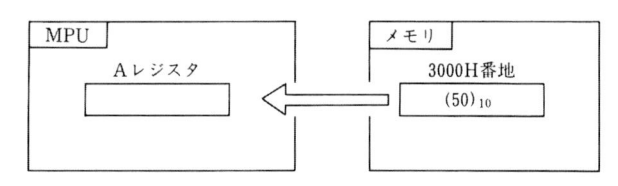

```
┌─────────────────────┐      ┌──────────────┐
│ MPU                 │      │ メモリ       │
│        Aレジスタ    │  ⇐   │  3000H番地   │
│      ┌──────────┐   │      │   $(50)_{10}$ │
│      └──────────┘   │      │              │
└─────────────────────┘      └──────────────┘
```

図6・5

問題2　　命令 LD A, (5020 H) の機能と機械語を書け．

【解答】

［機能］　A←(5020 H番地)

メモリの$(5020)_{16}$番地の内容をAレジスタに転送する．

（機械語）

$(3A)_{16}$
$(20)_{16}$
$(50)_{16}$

6.1 ロード命令（転送命令）　　105

次に，ソースがAレジスタ，デスティネーションがメモリのnn番地の転送命令，LD (nn), A の説明を行う．

LD （nn），A　　　［機能］（nn番地）← A（機械語）　(32)$_{16}$
　　　　　　　　　　　　　　　　　　　　　　　　　　　　　nnの下位8ビット
【機能の説明】　　　　　　　　　　　　　　　　　　　　　　　nnの上位8ビット
Aレジスタの内容を16ビットの数nnを番地とするメモリに転送する．
nnの数の範囲は，0≦nn≦65535である．

問題3　メモリの(4000)$_{16}$番地と(4001)$_{16}$番地の内容を変換するプログラムを作れ．

【解答】

```
ORG    100H
LD     A, (4000H)
LD     B, A
LD     A, (4001H)
LD     (4000H), A
LD     A, B
LD     (4001H), A
HALT
ORG    4000H
DEFS   2
END
```

図6・6

2　レジスタ間接アドレッシングモード　　16ビットのメモリ番地をペアレジスタ HL，DE，BC の内容で指定するモードである．したがって，メモリの番地が間接的に指定される．

メモリに連続して入っているデータを転送するプログラムを作るときに便利なアドレッシングモードである．

このモードの代表的な命令 LD r, (HL) について説明する．

| LD r, (HL) | [機能] r ← (HL) | (機械語) | 0 1 r r r 1 1 0 |

【機能の説明】　　　　　　　　　rrr はレジスタ名の 2 進符号(表 6・1)
　ペアレジスタ HL の内容を番地とするメモリの内容を r レジスタに転送する．
　r は，A，B，C，D，E，H，L のいずれか．

たとえば，| LD C, (HL) | は，ペアレジスタ HL の内容を (3000)₁₆ とするとき，(3000)₁₆ 番地の内容を C レジスタに転送する命令である．

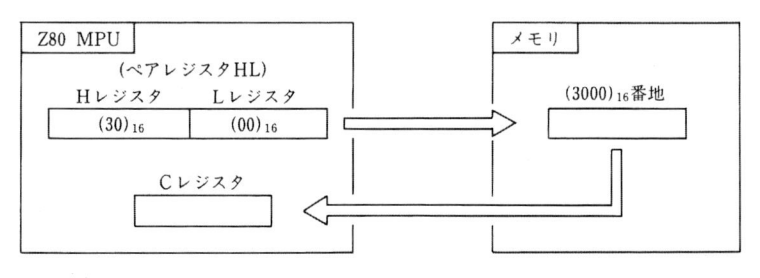

図 6・7

3 **インデックスアドレッシングモード**　16 ビットのインデックスレジスタ IX，IY とディスプレースメント (変位置) の値 d でメモリの番地を指定するモードである．

　IX+d はインデックスレジスタ IX の内容に値 d を加えることを示している．値 d の範囲は $-128 \leq d \leq +127$ である．

　命令 | LD r, (IX+d) | について説明する．

| LD r, (IX+d) | [機能] r ← (IX+d) | (機械語) | (DD)₁₆ / 0 1 r r r 1 1 0 / d |

【機能の説明】
　インデックスレジスタ IX の内容とディスプレースメント d の値の和を番地とするメモリの内容を r レジスタに転送する．
　r は A，B，C，D，E，H，L のいずれかである．
　d の範囲は $-128 \leq d \leq +127$ である．

たとえば, 命令 `LD H, (IX+5)` のインデックスレジスタ IX の内容が $(4000)_{16}$ とすると IX+5 で指定される番地は, $(4000)_{16}+5=(4005)_{16}$ であるから $(4005)_{16}$ 番地である. したがって, $(4005)_{16}$ 番地の内容を H レジスタに転送する命令である.

r レジスタが H レジスタより

$rrr=100$, また $d=+5=(00000101)_2$

したがって, 機械語は `DD 66 05` となる.

インデックスアドレッシングモードのほかの転送命令を示しておく.

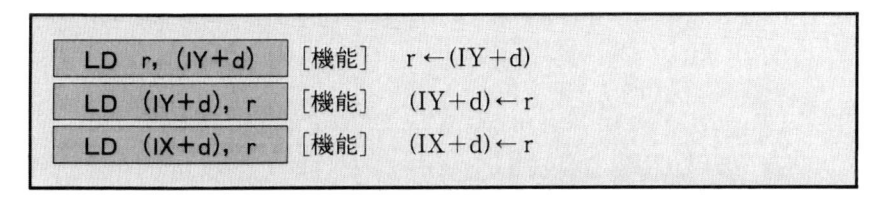

`LD r, (IY+d)`	[機能]	r ← (IY+d)
`LD (IY+d), r`	[機能]	(IY+d) ← r
`LD (IX+d), r`	[機能]	(IX+d) ← r

6.1.3 レジスタ, メモリにデータをセットする命令

電源投入後のレジスタ, メモリの内容は未定である. したがって, レジスタ, メモリに指定した数値をセットする命令が用意されている. レジスタは, 8 ビットと 16 ビット長の両方があるため, 8 ビット, 16 ビットのデータをセットする命令がある. また, メモリの 1 番地分のビット数は 8 ビットである.

この命令のフォーマットは図 6・8 のとおりである.

LD デスティネーション, データ

図 6・8

(a) 8 ビットレジスタに 8 ビットのデータをセットする命令 `LD r, n` について説明する.

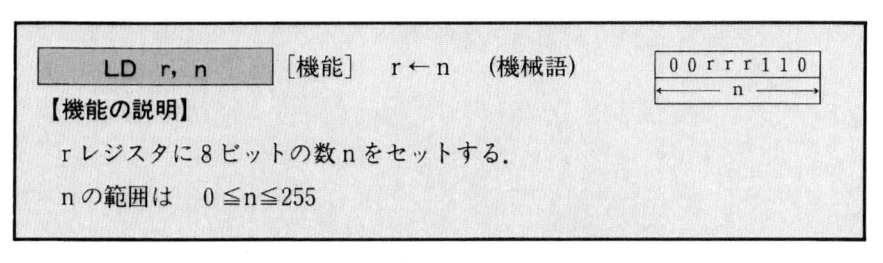

`LD r, n`	[機能]	r ← n	(機械語)	`00rrr110` / `n`

【機能の説明】

　r レジスタに 8 ビットの数 n をセットする.

　n の範囲は $0 \leq n \leq 255$

たとえば，命令 LD D, 54H を実行するとDレジスタに16進の54がセットされる．

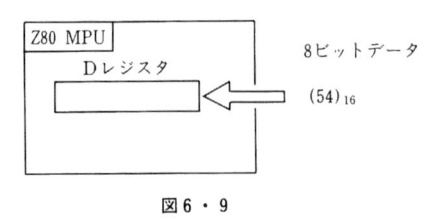

図6・9

（b） メモリに8ビットのデータをセットする命令を示す．この命令のデスティネーションは間接アドレッシングモードである．

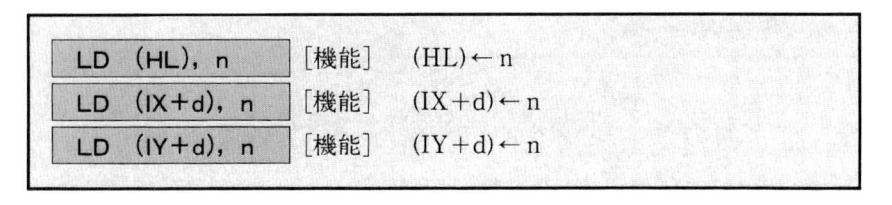

LD (HL), n	[機能]	(HL) ← n
LD (IX+d), n	[機能]	(IX+d) ← n
LD (IY+d), n	[機能]	(IY+d) ← n

問題4　メモリの$(3000)_{16}$番地に$(20)_{16}$をセットするプログラムを書け．
【解答】

```
LD  H, 30H
LD  L, 00H
LD  (HL), 20H
HALT
```

図6・10

6.1.4　16ビットレジスタに16ビットのデータをセットする命令

LD dd, nn について説明する．

6.1 ロード命令（転送命令）

```
LD  dd, nn    [機能]  dd ← nn   （機械語）  0 0 d d 0 0 0 1
                                            nnの下位8ビット
                                            nnの上位8ビット
```
【機能の説明】
16ビットレジスタddに16ビットの数nnをセットする．
ddはペアレジスタBC, DE, HL, スタックポインタSPのいずれかである．
16ビットの数nnの範囲は，0 ≦ nn ≦ 65535である．

たとえば，命令 `LD HL, 1234H` の命令を実行するとHレジスタに$(12)_{16}$，Lレジスタに$(34)_{16}$がセットされる．

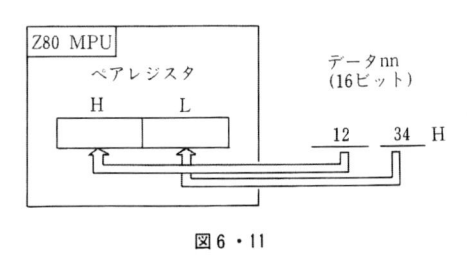

図6・11

表6・2 16ビットレジスタddの2進符号化表

16ビットレジスタ名	2進符号
d d	d d
B C	0 0
D E	0 1
H L	1 0
S P	1 1

また，ペアレジスタHLの2進符号は表6・2より$(10)_2$であるゆえに，この命令の機械語は次のようになる．

```
0 0 1 0 0 0 0 1   1バイト目
   (34)₁₆         2バイト目
   (12)₁₆         3バイト目
```

問題5 メモリの$(3500)_{16}$番地に$(13)_{16}$をセットするプログラムを書け．
【解答】

```
LD  HL, 3500H
LD  (HL), 13H
HALT
```

図6・12

6.1.5 レジスタ・メモリ間16ビットデータ転送命令

メモリの1番地のビット数は8ビットである．したがって16ビットのデータを

メモリに記憶したり取り出したりするには，メモリ2番地分のエリヤが必要である．またメモリから取り出された16ビットのデータ，メモリに記憶するデータを一時記憶するMPU内のレジスタは，ペアレジスタと16ビットのレジスタである．ペアレジスタは，BC, DE, HLの3種があり，16ビットレジスタには，IX, IY, SPの3種がある．

1 **メモリからレジスタに転送する命令**　この命令は次に示すように，デスティネーションがBC, DE, HL, IX, IY, SPのいずれかの6種のバリエーションがある．

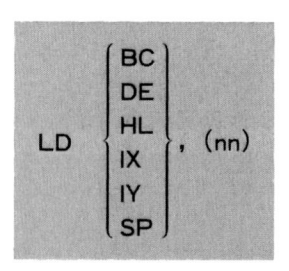

LD { BC, DE, HL, IX, IY, SP }, (nn)　[機能] レジスタの下位8ビット←(nn番地)
　　　　　　　　　　　　　　　　　　 レジスタの上位8ビット←(nn+1番地)

上の命令の LD HL, (nn) について説明する．

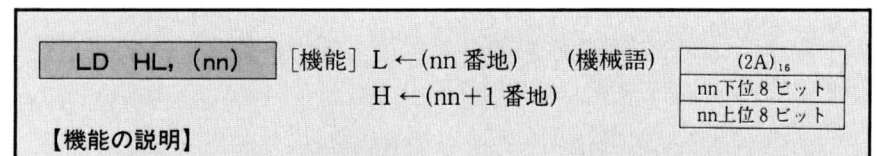

LD HL, (nn)　[機能] L←(nn番地)　　(機械語) $(2A)_{16}$
　　　　　　　　　　H←(nn+1番地)　　　　　nn下位8ビット
　　　　　　　　　　　　　　　　　　　　　nn上位8ビット

【機能の説明】
　メモリのnn番地, nn+1番地の内容をそれぞれペアレジスタのLレジスタ, Hレジスタに転送する命令である．

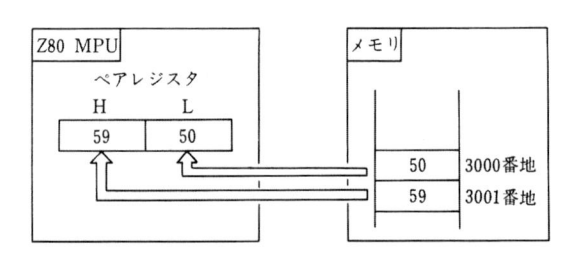

```
Z80 MPU                          メモリ
  ペアレジスタ
   H     L
   59    50
                                  50    3000番地
                                  59    3001番地
```

図6・13

6.1 ロード命令（転送命令）　*111*

たとえば，LD HL, (3000) の命令において，実行前の 3000 番地, 3001 番地の内容がおのおの 50, 59 のとき，この命令を実行すると L レジスタに 50, H レジスタに 59 が転送される．

問題 6　　レジスタ BC, IX, SP の下位 8 ビットに 4005 番地の内容, 上位 8 ビットに 4006 番地の内容を転送する命令を書け．

【解答】

```
LD  BC, (4005)
LD  IX, (4005)
LD  SP, (4005)
```

図 6・14

2　**レジスタからメモリに転送する命令**　この命令は，次に示すようにソースの 16 ビットレジスタに 6 種のバリエーションがある．

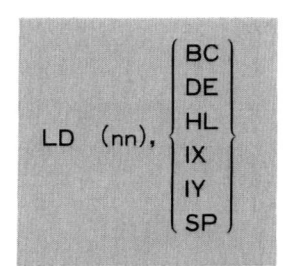

LD (nn), { BC / DE / HL / IX / IY / SP }

［機能］(nn 番地) ← レジスタの下位 8 ビット
　　　　(nn＋1 番地) ← レジスタの上位 8 ビット

命令 LD (nn), HL について説明する．

LD (nn), HL	［機能］(nn 番地) ← L　　(機械語)	(22)₁₆
	(nn＋1 番地) ← H	nn 下位 8 ビット
		nn 上位 8 ビット

【機能の説明】
L レジスタ, H レジスタの内容をそれぞれメモリの nn 番地, nn＋1 番地に転送する命令

問題 7　　ペアレジスタ HL, BC の内容を交換するプログラムを書け．

【解答】

```
LD  (1000), HL
LD  (2000), BC
LD  BC, (1000)
LD  HL, (2000)
HALT
```

図6・15

3 PUSH命令　ペアレジスタ，16ビットレジスタの内容をスタックエリヤ（メモリの一部のエリヤ）に転送する命令である．

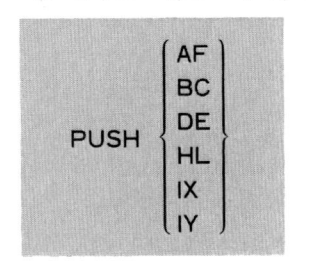

PUSH { AF / BC / DE / HL / IX / IY }　　［機能］ (SP-2)←レジスタの下位8ビット
　　　　　　　　　　　　　　　　　　　　　　　(SP-1)←レジスタの上位8ビット
　　　　　　　　　　　　　　　　　　　　　　　SP ← SP-2

命令　PUSH AF　について説明する．

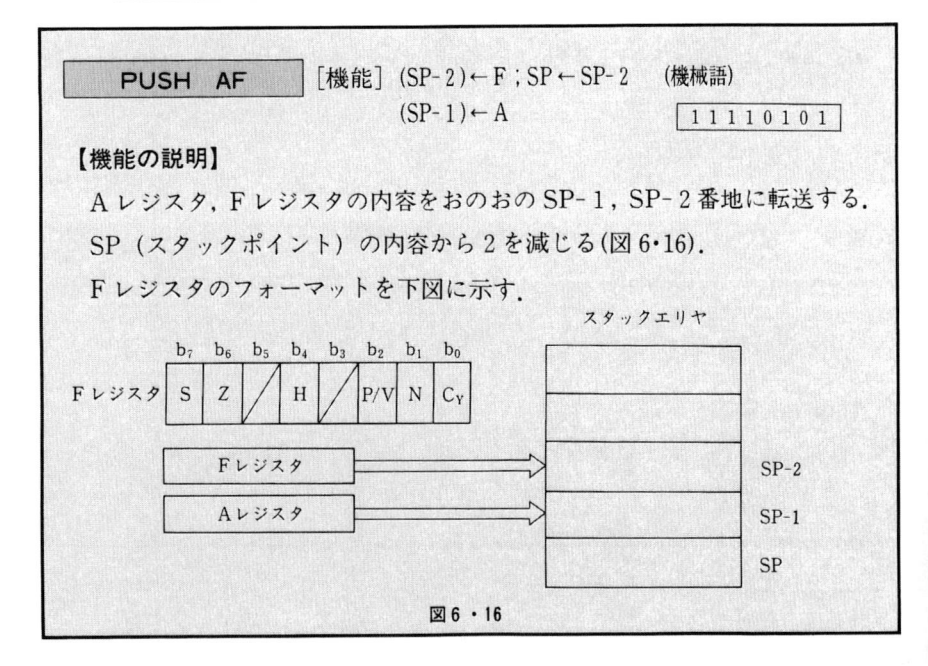

PUSH AF　　［機能］(SP-2)←F ; SP←SP-2　　（機械語）
　　　　　　　　　(SP-1)←A　　　　　　　　11110101

【機能の説明】

Aレジスタ，Fレジスタの内容をおのおのSP-1, SP-2番地に転送する．SP（スタックポイント）の内容から2を減じる（図6・16）．

Fレジスタのフォーマットを下図に示す．

	b_7	b_6	b_5	b_4	b_3	b_2	b_1	b_0
Fレジスタ	S	Z	/	H	/	P/V	N	C_Y

図6・16

6.1 ロード命令（転送命令）　113

たとえば，レジスタ BC, DE の順にスタックエリヤの 300FH～300CH 番地に内容をセーブするプログラムを作ると図 6・17 のようになる．

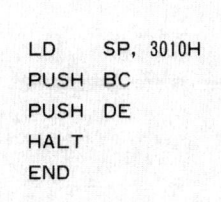

```
LD    SP, 3010H
PUSH  BC
PUSH  DE
HALT
END
```

スタックエリヤの内容

Eレジスタの内容	300CH番地 ←左のプログラム実行後のSPの内容
Dレジスタの内容	300DH番地
Cレジスタの内容	300EH番地
Bレジスタの内容	300FH番地
	3010H番地

図 6・17

4 POP 命令　スタックポインタ (SP) が指定するスタックエリヤの内容をペアレジスタ 16 ビットレジスタに転送する命令である．

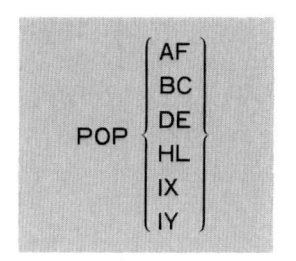

POP { AF / BC / DE / HL / IX / IY }

［機能］レジスタの下位 8 ビット ← (SP)
　　　　レジスタの上位 8 ビット ← (SP+1)
　　　　SP ← SP+2

命令 POP AF について説明する．

POP AF　［機能］F ← (SP)　　（機械語）
　　　　　　　　A ← (SP+1)　　11110001
　　　　　　　　SP ← SP+2

【機能の説明】
SP（スタックポインタの内容）番地，SP+1 番地の内容をおのおのFレジスタ，Aレジスタに転送し，SPの内容を2増す命令．

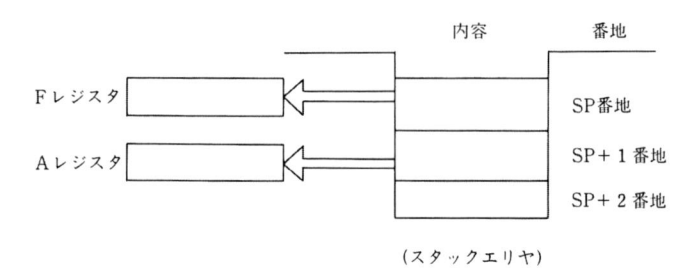

図6・18

たとえばペアレジスタ BC の内容をペアレジスタ HL に入れるプログラムを作ると次のようになる． PUSH BC でスタックエリヤに BC レジスタの内容を入れ POP HL でその内容を HL レジスタに入れる．

```
PUSH  BC
POP   HL
HALT
END
```

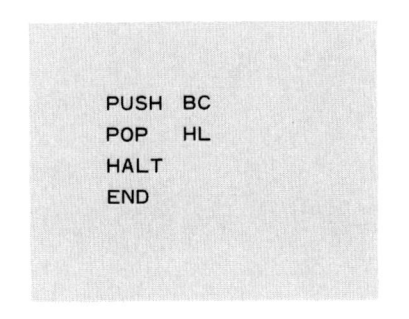

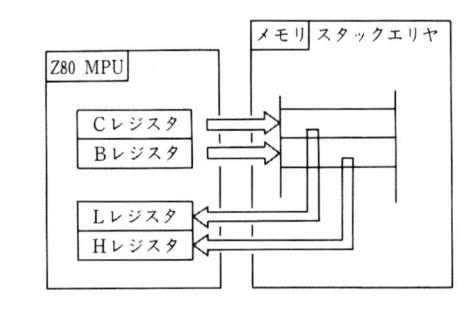

図6・19

問題 8 ペアレジスタ DE と BC の内容を交換するプログラムを PUSH，POP 命令を使って書け．

【解答】

```
PUSH  DE
PUSH  BC
POP   DE
POP   BC
HALT
```

図6・20

6.2 演算命令

Z80 MPU の演算命令には,大別して算術演算命令と論理演算命令がある.それらはそれぞれ表6・3のように分類される.

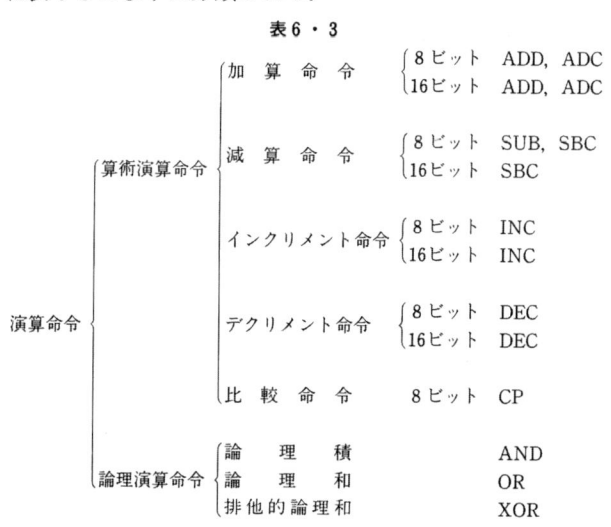

表6・3

```
                            ┌ 加算命令    ┌ 8ビット   ADD, ADC
                            │            └ 16ビット  ADD, ADC
                            │
                            │ 減算命令    ┌ 8ビット   SUB, SBC
              ┌ 算術演算命令 ┤            └ 16ビット  SBC
              │             │
              │             │ インクリメント命令 ┌ 8ビット   INC
              │             │                  └ 16ビット  INC
              │             │
演算命令 ──────┤             │ デクリメント命令   ┌ 8ビット   DEC
              │             │                  └ 16ビット  DEC
              │             │
              │             └ 比較命令    8ビット   CP
              │
              │              ┌ 論 理 積              AND
              └ 論理演算命令 ┤ 論 理 和              OR
                             └ 排他的論理和          XOR
```

表6・3の命令の説明を行う前に演算命令実行後の演算結果の状態を示すフラグについて説明する.

6.2.1 フラグの種類とセット・リセット条件

Z80 MPU には,演算命令によってセット・リセットされるフラグが7種類ある.フラグは,演算結果の状態を表す重要なものである.これらのフラグの C_Y, Z, S, P/V の4種はジャンプ命令などの条件に使用される.

7種のフラグは8ビットのフラグレジスタの各ビットに次のように割り当てられている.

```
                        b₇ b₆ b₅ b₄ b₃ b₂ b₁ b₀
フラグレジスタ          ┌──┬──┬──┬──┬──┬───┬──┬───┐
 (F レジスタ)           │S │Z │× │H │× │P/V│N │Cy │
                        └──┴──┴──┴──┴──┴───┴──┴───┘
                              *    ×印はフラグなし
```

図6・21

Sフラグ (サインフラグ)

演算後のレジスタのb_7(最上位ビット)が1のときS＝1、0のときS＝0となる。

S＝1となる場合

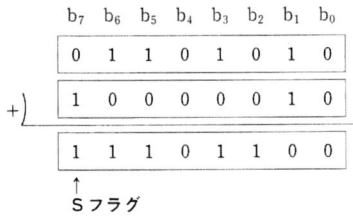

```
    b7 b6 b5 b4 b3 b2 b1 b0
     0  1  1  0  1  0  1  0
+)   1  0  0  0  0  0  1  0
    ─────────────────────────
     1  1  1  0  1  1  0  0
     ↑
     Sフラグ
```

S＝0となる場合

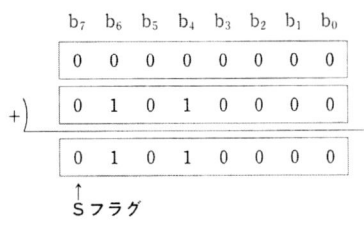

```
    b7 b6 b5 b4 b3 b2 b1 b0
     0  0  0  0  0  0  0  0
+)   0  1  0  1  0  0  0  0
    ─────────────────────────
     0  1  0  1  0  0  0  0
     ↑
     Sフラグ
```

上の例で演算結果のb_7が1のときフラグS＝1、b_7＝0のときフラグS＝0となる。

図6・22

Zフラグ (ゼロフラグ)

演算後のレジスタの内容がゼロになったときZ＝1、ゼロでないときZ＝0となる。

例

Z＝0となる場合

```
    b7 b6 b5 b4 b3 b2 b1 b0
     0  0  0  0  1  1  1  1
+)   0  0  0  0  0  0  0  1
    ─────────────────────────
     0  0  0  1  0  0  0  0
```

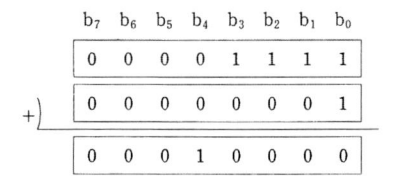

上記の例では演算結果が$(00010000)_2$でゼロでないからフラグZ＝0となる

Z＝1となる場合

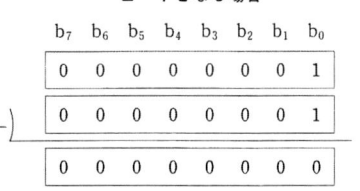

```
    b7 b6 b5 b4 b3 b2 b1 b0
     0  0  0  0  0  0  0  1
−)   0  0  0  0  0  0  0  1
    ─────────────────────────
     0  0  0  0  0  0  0  0
```

上記の例では演算結果がゼロとなるからフラグZ＝1となる。

図6・23

6.2 演算命令

> **Hフラグ** (ハーフキャリフラグ)
> 演算中に，下位4ビット目（b_3）から桁上げ（キャリ）が生じたときH＝1，生じないときH＝0である．
> 減算命令実行中に下位4ビット目（b_3）から借り（ボロー）が生じたときH＝1，生じないときH＝0となる．用途は演算結果に2進化10進補正（DAA）を行う場合である．

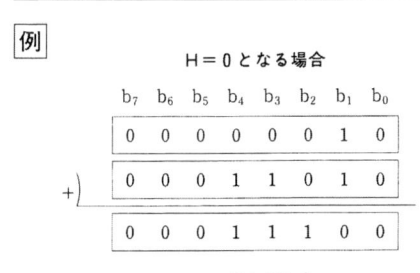

例

H＝0となる場合

b_7	b_6	b_5	b_4	b_3	b_2	b_1	b_0
0	0	0	0	0	0	1	0

＋)

b_7	b_6	b_5	b_4	b_3	b_2	b_1	b_0
0	0	0	1	1	0	1	0
0	0	0	1	1	1	0	0

桁上げなし
4桁目から5桁目への桁上がないからフラグH＝0となる．

H＝1となる場合

b_7	b_6	b_5	b_4	b_3	b_2	b_1	b_0
0	0	0	0	1	0	0	1

＋)

b_7	b_6	b_5	b_4	b_3	b_2	b_1	b_0
0	0	0	1	1	0	0	1
0	0	1	0	0	0	1	0

桁上げあり
4桁目から5桁目へ桁上げがあるからフラグH＝1となる

H＝1となる場合

b_7	b_6	b_5	b_4	b_3	b_2	b_1	b_0
0	0	0	1	0	0	0	1

−)

b_7	b_6	b_5	b_4	b_3	b_2	b_1	b_0
0	0	0	0	1	0	0	1
0	0	0	0	1	0	0	0

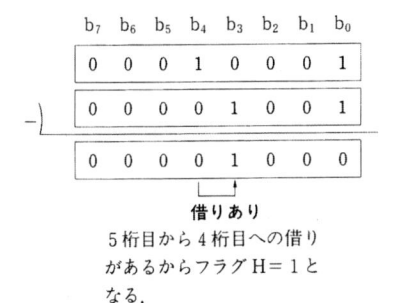

借りあり
5桁目から4桁目への借りがあるからフラグH＝1となる．

図6・24

> **Pフラグ** (パリティフラグ)
> 論理演算実行後のレジスタの各ビットの1の数が偶数のときP＝1，奇数のときP＝0である．1の数がゼロのときはP＝1とする．

例

P = 1 となる場合

b_7	b_6	b_5	b_4	b_3	b_2	b_1	b_0
1	0	1	0	1	1	0	1

∀ ∀ ∀ ∀ ∀ ∀ ∀ ∀ EXOR

1	0	1	0	0	0	0	1

↓ ↓ ↓ ↓ ↓ ↓ ↓ ↓

0	0	0	0	1	1	0	0

8ビットどうしのEXOR(排他的論理和∀)の結果において, 1となるビットが2ビットの偶数個であるからフラグP=1となる.

P = 0 となる場合

b_7	b_6	b_5	b_4	b_3	b_2	b_1	b_0
1	1	1	1	0	0	0	0

∧ ∧ ∧ ∧ ∧ ∧ ∧ ∧ AND

1	0	0	0	0	0	0	0

↓ ↓ ↓ ↓ ↓ ↓ ↓ ↓

1	0	0	0	0	0	0	0

8ビットどうしのAND(論理積∧)の結果において, 1となるビットが1ビットの奇数個であるからフラグP=0となる.

図6・25

Vフラグ (オーバーフローフラグ)

符号付き算術演算の結果, レジスタの内容が, 符号付き8ビットの範囲 ($+127 \sim -128$) を超えたときV=1, 超えなかったときV=0となる.

例

V = 1 となる場合

```
  +64  →
+) +64  →
  128
```

b_7	b_6	b_5	b_4	b_3	b_2	b_1	b_0
0	1	0	0	0	0	0	0
0	1	0	0	0	0	0	0
1	0	0	0	0	0	0	0

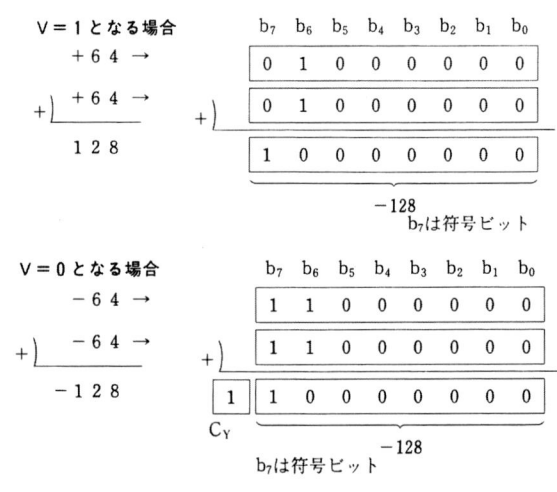

-128
b_7は符号ビット

$(+64)+(+64)=(+128)$ であるから符号付き8ビットで表せる範囲 ($+127 \sim -128$) を超えているからフラグV=1である.

V = 0 となる場合

```
  -64  →
+) -64  →
  -128
```

b_7	b_6	b_5	b_4	b_3	b_2	b_1	b_0
1	1	0	0	0	0	0	0
1	1	0	0	0	0	0	0
1	1	0	0	0	0	0	0

C_Y -128
b_7は符号ビット

$(-64)+(-64)=(-128)$ であるから符号付き8ビットで表せる範囲内であるからフラグV=0である.

図6・26

6.2 演算命令

> **Nフラグ** （減算フラグ）
> 加算命令実行後に N=0，減算命令実行後に N=1 となる．このフラグ N はフラグ H（ハーフキャリフラグ）を組み合わせて，加算，減算結果の2進化10進補正（DAA命令）に使用される．

例 $\boxed{\text{SUB A}}$ 実行後，フラグ N=1 となる．

> **C_Yフラグ** （キャリフラグ）
> 演算命令実行中に，8ビット目（b_7）から桁上げが生じた場合 $C_Y=1$，生じなかった場合 $C_Y=0$ となる．
> 減算命令実行中に，8ビット目（b_7）への借りが生じた場合 $C_Y=1$，生じなかった場合 $C_Y=0$ となる．

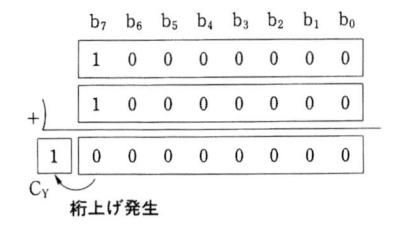

例

$C_Y=1$ となる場合

```
    b7 b6 b5 b4 b3 b2 b1 b0
     1  0  0  0  0  0  0  0
  +) 1  0  0  0  0  0  0  0
   ┌─┬────────────────────┐
   │1│ 0  0  0  0  0  0  0  0
   └─┴────────────────────┘
   CY
   桁上げ発生
```

$C_Y=0$ となる場合

```
    b7 b6 b5 b4 b3 b2 b1 b0
     1  0  0  0  0  0  0  0
  +) 0  1  0  0  0  0  0  0
   ┌─┬────────────────────┐
   │0│ 1  1  0  0  0  0  0  0
   └─┴────────────────────┘
   CY
   桁上げなし
```

$C_Y=1$ となる場合

```
    b7 b6 b5 b4 b3 b2 b1 b0
     0  1  0  0  0  0  0  0
  -) 1  0  0  0  0  0  0  0
   ┌─┬────────────────────┐
   │1│ 1  1  0  0  0  0  0  0
   └─┴────────────────────┘
   CY
   借りが発生
```

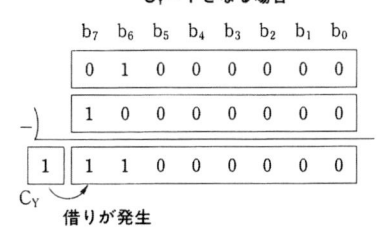

図 6・27

6.2.2　8ビット加算命令

この命令はAレジスタの内容と8ビット長の加数データとの加算を行い，Aレジスタに加算結果を入れる命令である．演算結果の状態は，フラグC_Y, S, Z, H, V, Nに示される．また，フラグC_Yを加数に加える命令（ADC）と加えない命令（ADD）に分けられる．ADD命令は加数によって五つのバリエーションがある．

$$\text{ADD A,} \begin{cases} r \\ n \\ (HL) \\ (IX+d) \\ (IY+d) \end{cases} \quad \text{[機能]} \quad A \leftarrow A + \begin{cases} r \\ n \\ (HL) \\ (IX+d) \\ (IY+d) \end{cases} \text{すべてのフラグ変化}$$

上記の命令の ADD A, r について詳しく説明する．

ADD A, r　　[機能] $A \leftarrow A + r$　　（機械語） $1\,0\,0\,0\,0\,r\,r\,r$

（フラグ）すべて変化

【機能の説明】

AレジスタとrレジスタのMの内容の加算結果をAレジスタに入れる．フラグ S, Z, H, V, C_Yは，命令実行中・実行後に，セット・リセットされる．rは，A, B, C, D, E, H, Lのいずれかである．

たとえば，AレジスタとBレジスタの加算命令は， ADD A, B である．

```
   0 1 1 1 0 0 0 1    実行前のAレジスタの内容
+) 0 0 0 1 0 0 0 1    実行前後のBレジスタの内容
   ─────────────────
   1 0 0 0 0 0 1 0    実行後のAレジスタの内容
```

図6・28

この例では，$(71)_{16} + (11)_{16} = (82)_{16}$がAレジスタに入り，フラグは次のようになる．

6.2 演 算 命 令

フラグ	C_Y	S	Z	H	V	N
状 態	0	1	0	0	1	0

図 6・29

問題 9 A レジスタの内容が $(FF)_{16}$ で,B レジスタの内容が $(01)_{16}$ のとき, ADD A, B 命令を実行後のレジスタ A,B の内容と S,Z,H, V,N,C_Y の状態を示せ.

【解答】

```
  b₇ ─── b₀
   11111111 ……A レジスタの内容
+) 00000001 ……B レジスタの内容
 ①00000000 ……実行後の A レジスタの内容
   ↑↑
   C_Y S
```

S	Z	H	V	N	C_Y
0	1	1	0	0	1

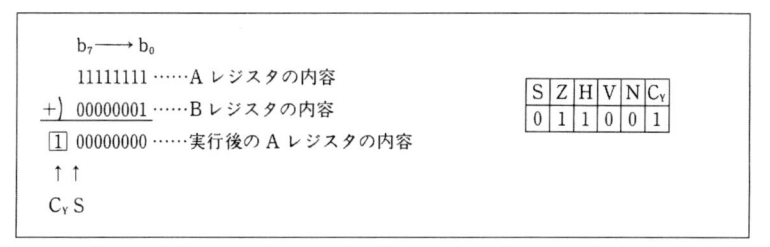

図 6・30

問題 10 A レジスタの内容が $(80)_{16}$ で,C レジスタの内容が $(80)_{16}$ のとき, ADD A, C の命令を実行後のレジスタ A,C の内容とフラグ S, Z,H,V,N,C_Y の状態を示せ.

【解答】

A=0, C=80 H, S=0, Z=1, H=0, V=1, N=0, C_Y=1
```
   10000000
+) 10000000
 ①00000000
```

図 6・31

例 HL レジスタの内容をアドレスとするメモリの内容と A レジスタの内容を加算した結果を,A レジスタにストアする命令は ADD A, (HL) となる.

122　Z 80 の命令

$$\text{ADC A,} \begin{cases} r \\ n \\ (HL) \\ (IX+d) \\ (IY+d) \end{cases} \quad [機能]\ A \leftarrow A + \begin{cases} r \\ n \\ (HL) \\ (IX+d) \\ (IY+d) \end{cases} + C_Y$$

　この命令は，フラグ C_Y を加数に含んだ命令で，倍長加算に用いられる．
代表例として，ADC A, r 命令について説明する．

ADC A, r　　[機能]　$A \leftarrow A + r + C_Y$　（機械語）10001rrr
　　　　　　　　　　　　　　　　　　　　　　　　　（フラグ）すべて変化

【機能の説明】
　A レジスタと r レジスタの内容を加算し，かつキャリフラグ C_Y の内容を加算して，その結果を A レジスタに入れる．r は A, B, C, D, E, H, L のいずれか．

例　命令 ADC A, H は，実行前の A レジスタの内容を 54, H レジスタの内容を 32, キャリフラグ $C_Y = 1$ とするとき，この命令実行後の A レジスタは，$54 + 32 + 1 = 87$ となりキャリフラグ $C_Y = 0$ となる．

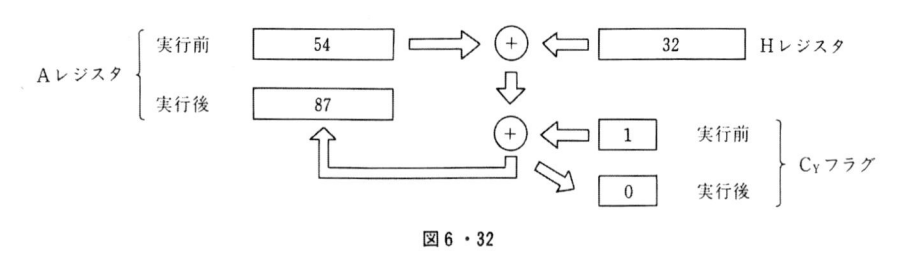

図 6・32

問題 11　ADC A, B 命令実行後 C_Y が 1 となるのは，どのような場合か．
【解答】
　$A + B + C_Y$ の加算結果が 256 以上になったとき．

問題 12　次のプログラムの機能を説明せよ．

```
ADD   A, C
LD    C, A
LD    A, 00H
ADC   A, B
LD    B, A
HALT
END
```

図6・33

【解答】

BCレジスタの内容にAレジスタの内容を加えて，結果をBCレジスタに入れるプログラム．

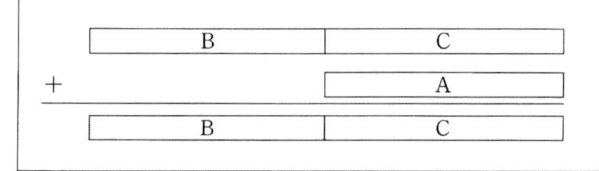

```
       |   B   |   C   |
  +    |       |   A   |
       |   B   |   C   |
```

図6・34

6.2.3　8ビット減算命令

この命令はAレジスタの内容から8ビットの減数データを減算し，Aレジスタに結果を入れる命令であり，減数が8ビットのデータのみの命令(SUB命令)と，減数が8ビットのデータとキャリフラグC_Yである命令 (SUB) の2種類がある.

$$\text{SUB} \begin{Bmatrix} r \\ n \\ (HL) \\ (IX+d) \\ (IY+d) \end{Bmatrix} \quad [機能] \; A \leftarrow A - \begin{Bmatrix} r \\ n \\ (HL) \\ (IX+d) \\ (IY+d) \end{Bmatrix} \quad すべてのフラグ変化$$

前記の命令の［SUB　r］について詳しく説明する．

SUB　r　［機能］A←A−r（機械語）［10010rrr］

（フラグ）すべて変化

【機能の説明】

Aレジスタからrレジスタの内容を減算し，その結果をAレジスタに入れる．

rは，A，B，C，D，E，H，Lのいずれかである．

たとえば，Aレジスタの内容を$(89)_{16}$，Cレジスタの内容を$(50)_{16}$とするとき，命令［SUB　C］を実行すると，Aレジスタの内容は$(39)_{16}$となり，フラグは次のようになる．

	1	0	0	0	1	0	0	1	実行前のAレジスタの内容
−	0	1	0	1	0	0	0	0	実行前のCレジスタの内容
	0	0	1	1	1	0	0	1	実行後のAレジスタの内容

フラグ	C_Y	S	Z	H	V	N
状　態	0	0	0	0	1	1

図6・35

SBC　A, $\left\{\begin{array}{l}\mathrm{r}\\ \mathrm{n}\\ \mathrm{(HL)}\\ \mathrm{(IX+d)}\\ \mathrm{(IY+d)}\end{array}\right\}$　［機能］$A \leftarrow A - \left\{\begin{array}{l}\mathrm{r}\\ \mathrm{n}\\ \mathrm{(HL)}\\ \mathrm{(IX+d)}\\ \mathrm{(IY+d)}\end{array}\right\} - C_Y$すべてのフラグ変化

この命令は，フラグC_Yを減数に含んだ命令で，8ビット以上の減算プログラムに用いられる．

命令［SBC　A，n］を詳しく説明する．

```
┌─────────────────────────────────────────────────────────────┐
│  SBC A, n    [機能] A ← A−n−C_Y  (機械語) │1 1 0 1 1 1 1 0│
│                                                    │     n     │
│                                   (フラグ) すべて変化          │
│ 【機能の説明】                                                │
│  A レジスタの内容から, 8 ビットの数 n とキャリフラグ $C_Y$ の内容を減算 │
│  して, その結果を A レジスタに入れる.                         │
└─────────────────────────────────────────────────────────────┘
```

たとえば, ペアレジスタ HL の内容から 1 を減じる命令を作ると, 次のようなプログラムとなる.

```
    LD    A, L    ⎫
    SUB   1       ⎬ L←L−1  L<1 のとき $C_Y$=1
    LD    L, A    ⎭
    LD    A, H    ⎫
    SBC   A, 0    ⎬ H←H−0−$C_Y$
    LD    H, A    ⎭
    HALT
```

図 6・36

6.2.4 8 ビットインクリメント (Increment) 命令

この命令は, 指定されたレジスタ, メモリの内容に 1 だけ加える (インクリメント) 命令である. この命令は次のように 4 種のバリエーションを有している.

$$\text{INC} \begin{Bmatrix} r \\ (HL) \\ (IX+d) \\ (IY+d) \end{Bmatrix} \quad [\text{機能}] \begin{Bmatrix} r \\ (HL) \\ (IX+d) \\ (IY+d) \end{Bmatrix} \leftarrow \begin{Bmatrix} r \\ (HL) \\ (IX+d) \\ (IY+d) \end{Bmatrix} + 1 \quad (\text{フラグ}) \begin{Bmatrix} \text{変化} & S, Z, H, V \\ N=0 \\ \text{変化なし} & C_Y \end{Bmatrix}$$

命令 INC r について詳しく説明する.

```
┌─────────────────────────────────────────────────────────────┐
│  ▐ INC  r ▌   [機能]  r ← r+1  (機械語) │0 0 r r r 1 0 0│    │
│ 【機能の説明】                                                │
│  r レジスタの内容を 1 だけ増加する.                          │
│  フラグ S, Z, H, V は変化し, フラグ N = 0, フラグ $C_Y$ は変化なし. │
└─────────────────────────────────────────────────────────────┘
```

問題 13 次のプログラム実行後の C レジスタとフラグの状態を示せ.

```
LD    C, 0FFH
INC   C
HALT
END
```

図 6・37

【解答】

$C = (00)_{16}$　　S=0, Z=1, H=1, V=0, N=0

問題 14 メモリの 3000 番地の内容を一つ増すプログラムを作れ.

【解答】

```
LD    HL, 3000
INC   (HL)
HALT
```

図 6・38

6.2.5　8 ビットデクリメント（Decrement）命令

デクリメント命令は, 指定されたレジスタの内容から 1 を減じる命令である.

$$\text{DEC}\begin{Bmatrix} r \\ (HL) \\ (IX+d) \\ (IY+d) \end{Bmatrix} \quad [機能] \begin{Bmatrix} r \\ (HL) \\ (IX+d) \\ (IY+d) \end{Bmatrix} \leftarrow \begin{Bmatrix} r \\ (HL) \\ (IX+d) \\ (IY+d) \end{Bmatrix} - 1 \quad (フラグ) \begin{Bmatrix} 変化 & S,Z,H,V \\ & N=1 \\ 変化なし & C_Y \end{Bmatrix}$$

命令 DEC r について詳しく説明する.

DEC r　[機能]　r←r−1　(機械語)　0 0 r r r 1 0 1

【機能の説明】
rレジスタの内容から1減じる.
フラグS, Z, H, Vは変化し, フラグN=1, フラグC_Yは変化なし.

[例] Dレジスタが$(00)_{16}$のとき, 命令 DEC D を実行するとDレジスタは$(FF)_{16}$, フラグはS=1, Z=0, H=1, V=0, N=1, C_Yは変化なしとなる.

[問題15] インデックスアドレッシングモードの命令 DEC (IX+d) を用いて, メモリの4010番地の内容を一つ減じるプログラムを作れ.

【解答】

```
LD   IX, 4010
DEC  (IX+0)
HALT
END
```

図6・39

6.2.6　8ビット比較命令

二つのデータの比較は, Aレジスタとオペランドに指定した数(レジスタの内容)との減算で行い, フラグC_Y, S, Z, H, N, Vを変化させる. ただし, Aレジスタの内容は, この命令では変らない. この比較命令と後に述べる条件付きジャンプ命令との組合せにより大小等しい, の三つの判断機能を作ることができる.

$$\text{CP} \begin{cases} r \\ n \\ (\text{HL}) \\ (\text{IX}+d) \\ (\text{IY}+d) \end{cases} \quad [機能] \quad A - \begin{cases} r \\ n \\ (\text{HL}) \\ (\text{IX}+d) \\ (\text{IY}+d) \end{cases} \quad (フラグ)\ S, Z, H, V, C_Y は変化しN=1にセットされる.$$

命令 CP r について説明する.

CP r　[機能]　A−r　(機械語) `10111rrr`

rrrはrレジスタの2進符号

【機能の説明】

Aレジスタの内容からrレジスタの内容を減じフラグS, Z, H, V, C_Y を変化させフラグ N=1 とする. rはA, B, C, D, E, H, Lのいずれかである.

次の表は, Aレジスタとrレジスタの内容を比較したとき, 必ず0か1かに確定するフラグ C_Y と Z の状態を示したものである.

表6・4　CP r命令実行後のフラグC_Y, Zの変化

条件	フラグ	
	C_Y	Z
A−r>0	0	0
A−r=0	0	1
A−r<0	1	0

6.2.7　2進化10進 (BCD) 補正命令

BCDコード1桁どうしの加算・減算の演算結果は, 2進数で演算されるため, 正しいBCDコードにならない場合がある. このため正しいBCDコードに変換する補正が必要である. この働きをする命令が2進化10進補正命令 (DAA命令) である.

6.2 演算命令

| DAA | (機能)フラグN=0のとき，BCDの加算時の補正を行う．フラグN=1のとき，BCDの減算時の補正を行う． | (機械語) 0 0 1 0 0 1 1 1 |

【機能の説明】

DAA命令の補正はC_Y（キャリ），H（ハーフキャリ），N（演算フラグ）とAレジスタの上位，下位おのおのの4ビットの値によって異なる．

例

加算の場合の補正の例

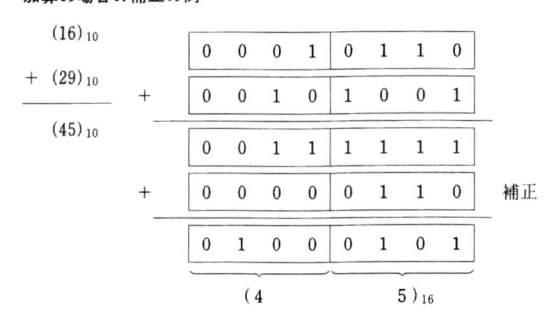

```
  (16)₁₀          | 0 0 0 1 | 0 1 1 0 |
+ (29)₁₀     +    | 0 0 1 0 | 1 0 0 1 |
  ──────           ─────────────────────
  (45)₁₀          | 0 0 1 1 | 1 1 1 1 |
             +    | 0 0 0 0 | 0 1 1 0 |  補正
                   ─────────────────────
                  | 0 1 0 0 | 0 1 0 1 |
                     ( 4      5 )₁₆
```

10進の16と29を加算すると45となるが，10進の16と29をBCDコードで表すと16進の$(16)_{16}$，$(29)_{16}$，加算すると$(16)_{16}+(29)_{16}=(3F)_{16}$となり10進45のBCDコード$(45)_{16}$とならないので$(3F)_{16}$に$(06)_{16}$を加える補正をすると$(3F)_{16}+(06)_{16}=(45)_{16}$となる．

減算の場合の補正の例

```
  (36)₁₀          | 0 0 1 1 | 0 1 1 0 |
- (29)₁₀     -    | 0 0 1 0 | 1 0 0 1 |
  ──────           ─────────────────────
  ( 7)₁₀          | 0 0 0 0 | 1 1 0 1 |
             +    | 1 1 1 1 | 1 0 1 0 |  補正
                   ─────────────────────
                  | 0 0 0 0 | 0 1 1 1 |
                     ( 0      7 )₁₆
```

10進の$(36)_{10}$，$(29)_{10}$をBCDコードで表すと$(36)_{16}$，$(29)_{16}$となる．ここで$(36)_{16}-(29)_{16}$の減算を行うと$(0D)_{16}$となり補正が必要となる．補正として$(FA)_{16}$を加えると，$(0D)_{16}+(FA)_{16}=(07)_{16}$となる．

図6・40

問題 16 BC レジスタと DE レジスタの内容を BCD コードとみなして，加算結果を HL レジスタに入れるプログラムを作れ（BCD 4 桁どうしの加算）．

【解答】

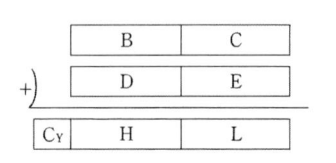

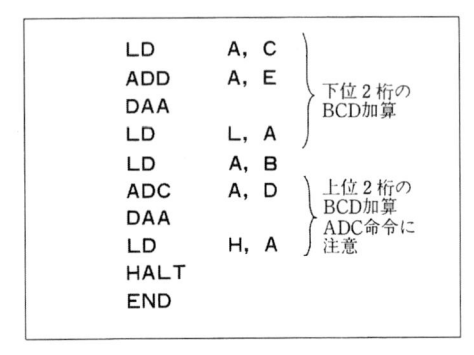

```
         B        C
   +     D        E
       ─────────────
   Cy    H        L
```

```
        LD    A, C   ┐
        ADD   A, E   │ 下位2桁の
        DAA          │ BCD加算
        LD    L, A   ┘
        LD    A, B   ┐
        ADC   A, D   │ 上位2桁の
        DAA          │ BCD加算
        LD    H, A   ┘ ADC命令に
        HALT           注意
        END
```

図 6・41

問題 17 XXX 番地と YYY 番地の内容を BCD コードとみなして，加算結果を SUM 番地に入れるプログラムを作れ．

【解答】

```
           ORG    100H
           LD     A,(XXX)
           LD     HL, YYY
           ADD    A,(HL)
           DAA
           LD     (SUM), A
           HALT
    XXX : DEFS    1
    YYY : DEFS    1
    SUM : DEFS    1
           END
```

図 6・42

6.2.8 論理演算命令

論理演算命令には，論理積（AND），論理和（OR），排他的論理和（XOR）の

6.2 演 算 命 令　　*131*

3種があり，いずれもAレジスタと演算し，結果はAレジスタに入る．

■1 **論理積命令**　　指定レジスタ，メモリの各ビットどうしの論理積を行う命令である．

$$\text{AND} \begin{Bmatrix} r \\ n \\ (HL) \\ (IX+d) \\ (IY+d) \end{Bmatrix} \quad [機能]\ A \leftarrow A \wedge \begin{Bmatrix} r \\ n \\ (HL) \\ (IX+d) \\ (IY+d) \end{Bmatrix} \quad (フラグ) \begin{matrix} S,\ Z,\ P\text{ は変化} \\ H=1,\ N=0,\ C_Y=0 \end{matrix}$$

AND命令の一つである AND n 命令の説明を行う．

AND n　　[機能] $A \leftarrow A \wedge n$ (機械語)　$\underbrace{1\ 1\ 1\ 0\ 0\ 1\ 1\ 0}_{n}$

(フラグ) $\begin{matrix} S,\ Z,\ P\text{ は変化し} \\ H=1,\ N=C_Y=0 \end{matrix}$

【機能の説明】
　Aレジスタと8ビットの数nの各ビットどうしの論理積演算をして，その結果をAレジスタに入れる命令．

　たとえば，命令 AND 0FH はAレジスタの内容と$(0F)_{16}$の数との論理積をAレジスタに入れる．図6・43では，Aレジスタに文字2のASCIIコード$(32)_{16}$を$(0F)_{16}$でマスクしてBCDコードの$(02)_{16}$に変換している．

　フラグは，S=0，Z=0，P=0となる．

0	0	1	1	0	0	1	0	レジスタA各ビットの
∧	∧	∧	∧	∧	∧	∧	∧	論理積
0	0	0	0	1	1	1	1	nの値$(0F)_{16}$
↓	↓	↓	↓	↓	↓	↓	↓	
0	0	0	0	0	0	1	0	Aレジスタに結果が入る

図6・43

問題18 次のプログラム実行後のAレジスタ,フラグ S, Z, P の状態を示せ.

```
LD    A, 41H
AND   0F0H
HALT
```

図 6・44

【解答】

A = 40 H

フラグ S=0, Z=0, P=0

2 論理和命令　指定したレジスタ,メモリの各ビットどうしの論理和を行う命令である.

OR $\begin{cases} r \\ n \\ (HL) \\ (IX+d) \\ (IY+d) \end{cases}$ ［機能］ A ← A ∨ $\begin{cases} r \\ n \\ (HL) \\ (IX+d) \\ (IY+d) \end{cases}$ (フラグ) S, Z, P は変化 H=0, N=0, C_Y=0 となる.

たとえば,命令 OR 30H を実行するとAレジスタと$(30)_{16}$の各ビットの論理和をAレジスタに入れる.図6・45では,Aレジスタの BCD コードの2を ASCII コードの$(32)_{16}$に変換している.

フラグは, S=0, Z=0, P=0

0	0	0	0	0	0	1	0	Aレジスタ
∨	∨	∨	∨	∨	∨	∨	∨	論理和
0	0	1	1	0	0	0	0	nの値$(30)_{16}$
↓	↓	↓	↓	↓	↓	↓	↓	
0	0	1	1	0	0	1	0	Aレジスタ

図 6・45

6.2 演算命令   133

3 排他的論理和(命令)　指定したレジスタ，メモリの各ビットどうしの排他的論理和を行う命令である．

$$\text{XOR} \begin{Bmatrix} r \\ n \\ (HL) \\ (IX+d) \\ (IY+d) \end{Bmatrix} \quad [機能]\ A \leftarrow A \veebar \begin{Bmatrix} r \\ n \\ (HL) \\ (IX+d) \\ (IY+d) \end{Bmatrix} \quad (フラグ) \begin{matrix} S,\ Z,\ P は変化 \\ H=0,\ N=0,\ C_Y=0 \end{matrix}$$

たとえば，

```
LD    A, 0FFH
XOR   0FH
HALT
END
```

| 1 1 1 1 1 1 1 1 | Aレジスタ |
| EXOR |
| 0 0 0 0 1 1 1 1 | nの値(0F)₁₆ |
| ↓↓↓↓↓↓↓↓ |
| 1 1 1 1 0 0 0 0 | Aレジスタ |

図 6・46

のプログラム(図 6・46)は各ビットの EXOR を取り A レジスタに結果 $(F0)_{16}$ を入れる．

フラグは，S=1，Z=0，P=1 となる．

問題 19　命令 XOR A 実行後の A レジスタとフラグ S, Z, P の状態を示せ．

【解答】
A=0，S=0，Z=1，P=1

6.2.9　16 ビット算術演算命令

8 ビット演算では，演算結果が 10 進数で 255 までであり，小さい数の演算しか行えない．ところが 16 ビット演算では演算結果が 10 進数で 65535 までであり，かなり大きな数まで取り扱うことができる．この目的のために Z80 MPU は 16 ビット演算命令を数種類有している．

1 16 ビット加算命令　　HL レジスタと 16 ビットレジスタ(BC, DE, HL,

SP) との2進数16ビット加算を行う命令である．

$$\text{ADD} \quad \text{HL}, \begin{Bmatrix} \text{BC} \\ \text{DE} \\ \text{HL} \\ \text{SP} \end{Bmatrix} \quad [機能]\ \text{HL} \leftarrow \text{HL} + \begin{Bmatrix} \text{BC} \\ \text{DE} \\ \text{HL} \\ \text{SP} \end{Bmatrix} \quad (フラグ) \begin{cases} C_Y のみ変化 \\ N=0 \\ S,\ Z,\ P/V 変化なし \\ H は未定 \end{cases}$$

たとえば，命令 ADD HL, BC は，ペアレジスタ HL と BC の内容を加算して，ペアレジスタ HL に入れる命令である．

2 **キャリ(C_Y)フラグ付き16ビット加算命令**　　HLレジスタと16ビットレジスタ (BC, DE, HL, SP) との16ビットの加算結果にキャリ (C_Y) フラグを加算する命令である．

$$\text{ADC} \quad \text{HL}, \begin{Bmatrix} \text{BC} \\ \text{DE} \\ \text{HL} \\ \text{SP} \end{Bmatrix} \quad [機能]\ \text{HL} \leftarrow \text{HL} + \begin{Bmatrix} \text{BC} \\ \text{DE} \\ \text{HL} \\ \text{SP} \end{Bmatrix} + C_Y \quad (フラグ) \begin{cases} V,S,Z,C_Y が変化 \\ N=0 \\ H は未定 \end{cases}$$

命令 ADC HL, BC は，ペアレジスタ HL と BC の内容の加算後にフラグ C_Y の値を加算する命令であり16ビット以上のデータの加算に用いる．

3 **その他の16ビット加算命令**

$$\text{ADD} \quad \text{IX}, \begin{Bmatrix} \text{BC} \\ \text{DE} \\ \text{IX} \\ \text{SP} \end{Bmatrix} \quad [機能]\ \text{IX} \leftarrow \text{IX} + \begin{Bmatrix} \text{BC} \\ \text{DE} \\ \text{IX} \\ \text{SP} \end{Bmatrix} \quad (フラグ) \begin{cases} C_Y は変化 \\ N=0 \\ S,\ Z,\ P/V 変化なし \\ H は未定 \end{cases}$$

$$\text{ADD IY,} \begin{Bmatrix} \text{BC} \\ \text{DE} \\ \text{IY} \\ \text{SP} \end{Bmatrix} \quad [機能] \ \text{IY} \leftarrow \text{IY} + \begin{Bmatrix} \text{BC} \\ \text{DE} \\ \text{IY} \\ \text{SP} \end{Bmatrix} \quad (フラグ) \begin{cases} C_Y は変化 \\ N = 0 \\ S,\ Z,\ P/V\ 変化なし \\ H は未定 \end{cases}$$

問題 20　Cレジスタに8ビットの数 n があるとき，$1+2+\cdots+n$ の計算を行い，合計を HL レジスタに入れるプログラムを作れ．

【解答】

```
        LD    B, 0
        SUB   B           ; Cy=0
        LD    HL, 0
LOOP :  ADC   HL, BC
        DEC   C
        JP    NZ, LOOP
        HALT
        END
```

図 6・47

4 **16 ビットのレジスタ・インクリメント命令**　16 ビットのレジスタの内容を1だけ増す命令である．すべてのフラグが変化しないので十分に注意すること．

$$\text{INC} \begin{Bmatrix} \text{HL} \\ \text{BC} \\ \text{DE} \\ \text{SP} \\ \text{IX} \\ \text{IY} \end{Bmatrix} \quad [機能] \begin{Bmatrix} \text{HL} \\ \text{BC} \\ \text{DE} \\ \text{SP} \\ \text{IX} \\ \text{IY} \end{Bmatrix} \leftarrow \begin{Bmatrix} \text{HL} \\ \text{BC} \\ \text{DE} \\ \text{SP} \\ \text{IX} \\ \text{IY} \end{Bmatrix} + 1 \quad (フラグ)\ S,\ Z,\ H,\ P/V,\ N,\ C_Y \\ \hspace{10em} すべて変化なし$$

たとえば，命令 INC HL は，ペアレジスタ HL の内容を1だけ増す機能がある．

問題 21 HL レジスタの内容が $(FFFF)_{16}$ のとき | INC HL | を実行後の HL レジスタ, フラグ S, Z, H, P/V, N, C_Y の状態を書け.

【解答】
 $HL = (0000)_{16}$, フラグ変化なし

5　16 ビットのレジスタデクリメント命令　16 ビットのレジスタの内容から 1 だけ減じる命令である.

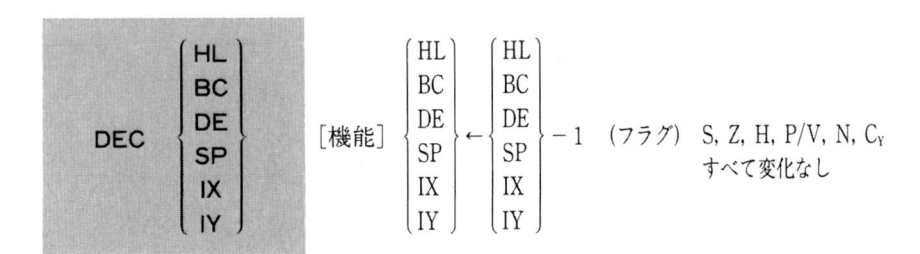

$$\text{DEC} \begin{Bmatrix} HL \\ BC \\ DE \\ SP \\ IX \\ IY \end{Bmatrix} \quad [機能] \quad \begin{Bmatrix} HL \\ BC \\ DE \\ SP \\ IX \\ IY \end{Bmatrix} \leftarrow \begin{Bmatrix} HL \\ BC \\ DE \\ SP \\ IX \\ IY \end{Bmatrix} - 1 \quad (フラグ) \; S, Z, H, P/V, N, C_Y \; すべて変化なし$$

たとえば, HL レジスタの内容が $(0000)_{16}$ のとき, | DEC HL | を実行後の HL レジスタは $(FFFF)_{16}$ となる.

6.3　ジャンプ命令

プログラムの流れを変えるための命令である.

この命令には, **無条件ジャンプ命令**と**条件付きジャンプ命令**がある.

無条件ジャンプ命令とは, この命令を実行すると指定されたアドレスにジャンプする命令である.

条件付きジャンプ命令は, フラグの状態を条件 (CC) として, この条件が満たされたときのみ, 指定されたアドレスにジャンプする命令である. この条件が満たされなかったときは, 次の命令の実行に移る.

指定されたアドレスにジャンプする方法は, PC (プログラムカウンタ) にジャンプ先のアドレスをセットすることによって行われる. 理由は, MPU が PC の値のアドレスの命令を常に実行するように設計されているからである.

ジャンプ命令を分類すると表 6·5 のようになる.

6.3 ジャンプ命令　　137

表 6・5

ジャンプ命令 ─┬─ 無条件ジャンプ ─┬─ 直接アドレスジャンプ命令 …………… │ JP　nn │
　　　　　　　│　　　　　　　　　├─ レジスタ間接アドレスジャンプ命令… │ JP　(HL) │
　　　　　　　│　　　　　　　　　└─ 相対アドレスジャンプ命令 …………… │ JR　e │
　　　　　　　└─ 条件付きジャンプ ┬─ 直接アドレスジャンプ命令 …………… │ JP　CC,nn │
　　　　　　　　　　　　　　　　　└─ 相対アドレスジャンプ命令 …………… │ JR　CC,e │

nnはジャンプ先番地，ccは条件，eは変位値

　ジャンプ命令は，飛び先番地の指定方法によって，直接アドレス，レジスタ間接，相対アドレス方式の三つに分けられる．

　直接アドレス方式は，16ビットの飛び先番地をジャンプ命令のオペランドに直接記入する方式である．またレジスタ間接アドレス方式では，ジャンプ命令で指定するのは16ビットレジスタで，飛び先番地はそのレジスタの内容とする方式である．

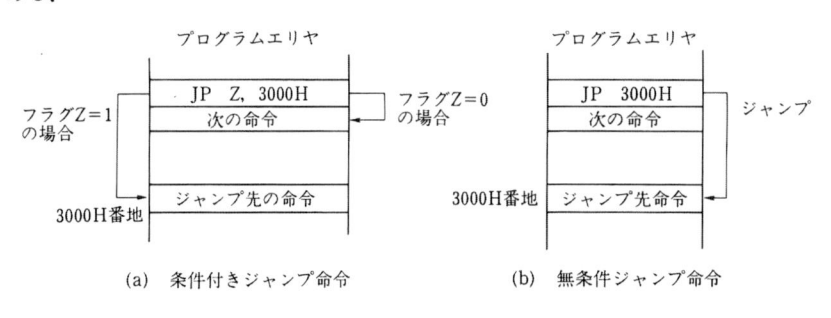

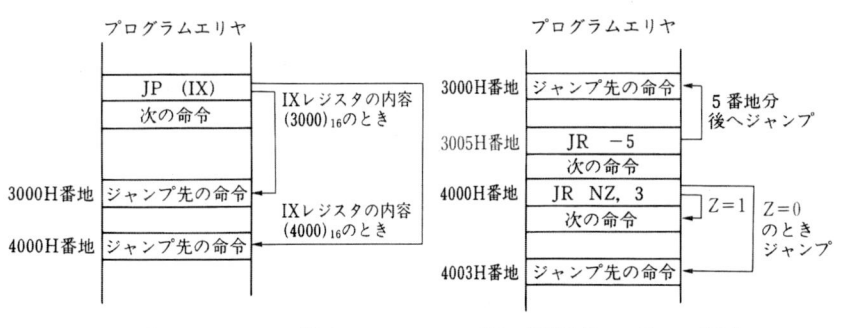

(a) 条件付きジャンプ命令

(b) 無条件ジャンプ命令

(c) レジスタ間接アドレスジャンプ命令

(d) 相対アドレスジャンプ命令

図 6・48

相対アドレス方式は，ジャンプ命令自体の入っているアドレスを基準として飛び先番地との差をこの命令のオペランドに記入する方式である．

| JP 3000H | ……直接アドレスジャンプ命令でジャンプ先番地は3000H番地
| JP (IX) | ……レジスタ間接アドレスジャンプ命令でジャンプ先番地はIXレジスタの内容の番地
| JR 5 | ……相対アドレスジャンプ命令でジャンプ先番地は5番地先

図6・48は条件付きジャンプ，無条件ジャンプ，レジスタ間接アドレスジャンプ，相対アドレスジャンプの概念を示したものである．

6.3.1 条件付きジャンプ命令

条件付きジャンプ命令の条件となるフラグは，Z(ゼロ)，C_Y(キャリ)，P/V(パリティ/オーバーフロー)，S(サイン)の4種である．それぞれのフラグの状態は0，1の2種類あるから条件は8種類となる．この条件をCCで表し，ジャンプ先をnn(16ビット)で表す条件付きジャンプ命令のフォーマットは

```
    JP  CC, nn
```

となる．

条件CCをフラグの状態と一致させると次のような命令となる．

JP NZ, nn	[機能] フラグZ=0のときnn番地にジャンプ
JP Z, nn	[機能] フラグZ=1のときnn番地にジャンプ
JP NC, nn	[機能] フラグC_Y=0のときnn番地にジャンプ
JP C, nn	[機能] フラグC_Y=1のときnn番地にジャンプ
JP PO, nn	[機能] フラグP/V=0のときnn番地にジャンプ
JP PE, nn	[機能] フラグP/V=1のときnn番地にジャンプ
JP P, nn	[機能] フラグS=0のときnn番地にジャンプ
JP M, nn	[機能] フラグS=1のときnn番地にジャンプ

（これ以外のとき次の命令の実行）

例 レジスタAの内容がZeroのとき，ZERO番地へジャンプし，Zeroでないとき，NOZERO番地にジャンプするソースプログラムとオブジェクトプログラムを作ると次のようになる．

```
                ORG    100H
                CP     0              100      FE 00
                JP     Z, ZERO        102      CA 05 01
        NOZERO: HALT                  105      76
        ZERO:   HALT                  106      76
                END
```

図 6・49

問題 22 フラグZ，C_Y がゼロのとき，ZERO番地にジャンプするプログラムを作れ．

【解答】

```
                JP    Z, STOP
                JP    NC, ZERO
        STOP:   HALT
        ZERO:   HALT
                END
```

図 6・50

6.3.2 相対ジャンプ命令

相対ジャンプ命令は，このジャンプ命令が入っているメモリの番地を基準として，そこから変位値(ディスプレースメント) e だけ離れた番地の命令に移る．この相対ジャンプ命令は，オブジェクトプログラムを別のメモリエリヤに移動してもこの命令の飛び先番地の変更の必要はないという利点がある．Z 80 MPUでは，この命令の変位値 e は，$-126 \leq e \leq +129$ の範囲内の値しかとれない．

Z80の命令

```
JR  Z, e     [機能] フラグZ=1のとき PC←$+e  ┐
JR  NZ, e    [機能] フラグZ=0のとき PC←$+e  │ それ以外は次
JR  C, e     [機能] フラグ$C_Y$=1のとき PC←$+e │ の命令の実行
JR  NC, e    [機能] フラグ$C_Y$=0のとき PC←$+e ┘ ($はアドレスカウンタ)
```

上の命令の一つ JR Z, e について説明をする．

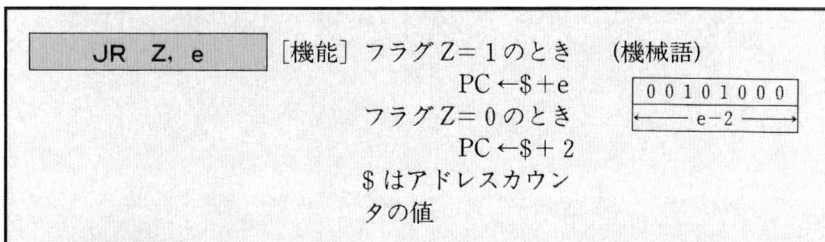

```
JR  Z, e   [機能] フラグZ=1のとき     (機械語)
                PC←$+e              ┌──────────┐
                フラグZ=0のとき       │00101000│
                PC←$+2              ├──────────┤
                $はアドレスカウン     │   e-2   │
                タの値              └──────────┘
```

【機能の説明】
フラグZ=1のときは，このJR命令のある番地から，変位値eだけ離れた番地の命令の実行に移り，Z=0のときは，次の命令の実行に移る．

問題23 フラグZ=1のとき，このジャンプ命令が入っている番地から3番地小さい番地へジャンプする命令を書け．アドレスカウンタは$とする．

【解答】
　　JR Z, $-3 となり，変位値 e=($-3)-$=-3 であるから機械語の2バイト目は e-2=-5 となる．

```
機械語  1バイト目 │00101000│
        2バイト目 │11111011│ ←-5=e-2
```

図6・51

6.3 ジャンプ命令

問題 24　次のプログラムの JR 命令の変位値 e を求めよ．

```
LOOP :  LD    A, B
AAA  :  JR    Z, LOOP*
        HALT
        END
```

図 6・52

【解答】

　　　　| LD A, B |が 1 バイト命令より

　　　　$e = \text{LOOP} - \text{AAA} = -1$

　(*)　実際の JR 命令では，オペランドには変位値 e ではなく，ジャンプ先を表す数（直接数値，ラベル）を記述しなければならない．

| **DJNZ e** |　［機能］$B \leftarrow B-1$　後　$B \neq 0$ ならば $PC \leftarrow \$+e$
　　　　　　　　　　　　　　　　　　$B = 0$ ならば次の命令の実行

【機能の説明】
B レジスタの内容から 1 減じて，B レジスタの内容がゼロでないならば，変位値 e だけ離れた番地の命令を実行する．B レジスタの内容がゼロならば次の命令を実行する．

例　次のプログラムは，B レジスタの内容がゼロになるまで DJNZ LOOP 命令を実行するプログラムである．つまり，DJNZ LOOP の命令を 50 回実行して終る．

```
        LD     B, 50
LOOP :  DJNZ   LOOP
        HALT
```

図 6・53

6.3.3 無条件ジャンプ命令

ジャンプ先の番地を直接オペランドに書くジャンプと，レジスタの内容の番地にジャンプするレジスタ間接ジャンプと，相対アドレッシングジャンプの三つの無条件ジャンプがある．それらを列挙すると次のようになる．

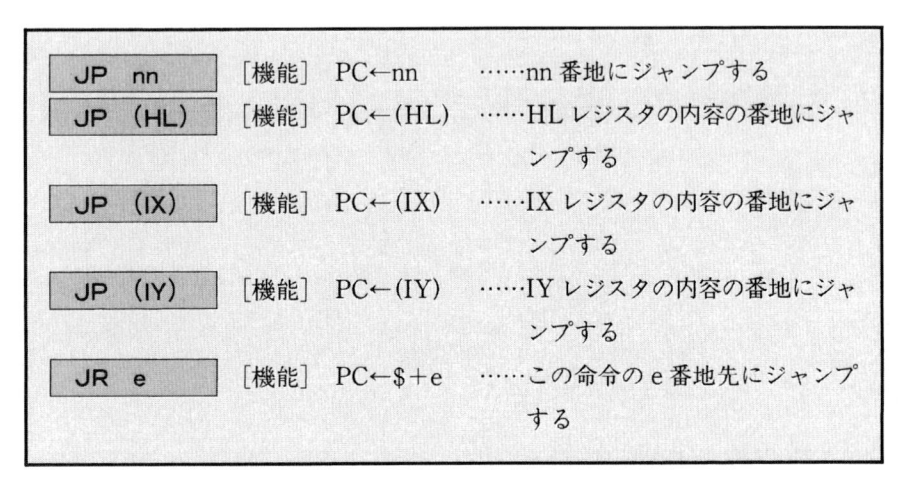

JP nn	[機能]	PC←nn	……nn 番地にジャンプする
JP (HL)	[機能]	PC←(HL)	……HL レジスタの内容の番地にジャンプする
JP (IX)	[機能]	PC←(IX)	……IX レジスタの内容の番地にジャンプする
JP (IY)	[機能]	PC←(IY)	……IY レジスタの内容の番地にジャンプする
JR e	[機能]	PC←$+e	……この命令の e 番地先にジャンプする

6.4 ローテートシフト命令・ビット操作命令

6.4.1 ローテート・シフト命令

ローテートは循環桁移動，シフトは桁移動の意味である．

レジスタやメモリ内のデータを右方向 ($b_7 \rightarrow b_0$)，左方向 ($b_7 \leftarrow b_0$) に桁移動を行わせる命令である．たとえば，図6・54のように，実行前のレジスタの内容

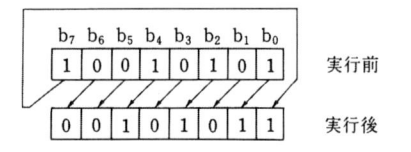

b_7	b_6	b_5	b_4	b_3	b_2	b_1	b_0	
1	0	0	1	0	1	0	1	実行前
0	0	1	0	1	0	1	1	実行後

1ビット左方向へローテートした様子

図6・54

$(10010101)_2$ を左方向に 1 ビットローテートすると $(00101011)_2$ となる.

左方向ローテート, 右方向ローテート, 算術的左方向シフト, 論理的右方向シフト, 算術的右方向シフト, 4 ビット左方向ローテート, 4 ビット右方向ローテートの 7 種類がある.

1 左方向ローテート命令

RLC $\begin{Bmatrix} r \\ (HL) \\ (IX+d) \\ (IY+d) \end{Bmatrix}$ [機能] $C_Y \leftarrow b_7 b_6 b_5 b_4 b_3 b_2 b_1 b_0$
r, (HL), (IX+d), (IY+d)

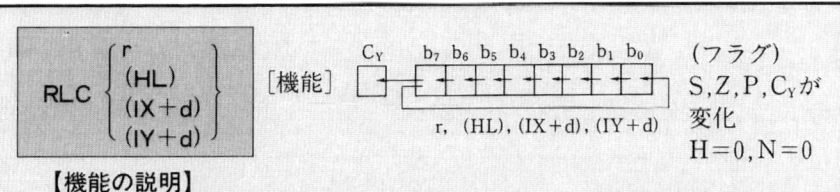

(フラグ)
S, Z, P, C_Y が変化
$H=0, N=0$

【機能の説明】
オペランドに指定したレジスタ, メモリの各ビットの内容を左へ 1 ビットシフトする. キャリフラグ C_Y, b_0 には b_7 の内容がシフトされる.

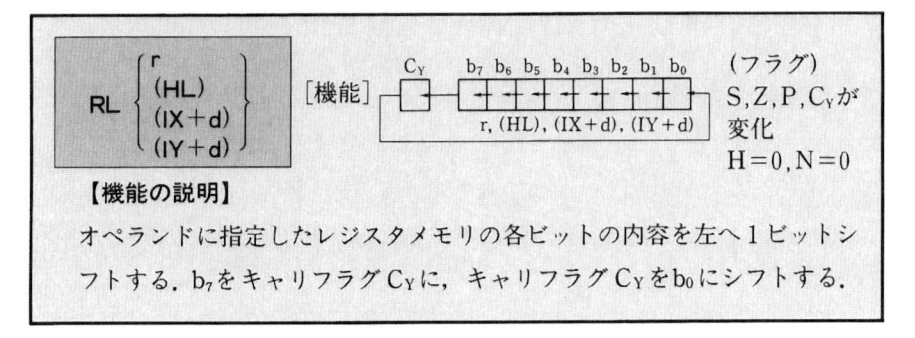

RL $\begin{Bmatrix} r \\ (HL) \\ (IX+d) \\ (IY+d) \end{Bmatrix}$ [機能] $C_Y \leftarrow b_7 b_6 b_5 b_4 b_3 b_2 b_1 b_0$
r, (HL), (IX+d), (IY+d)

(フラグ)
S, Z, P, C_Y が変化
$H=0, N=0$

【機能の説明】
オペランドに指定したレジスタメモリの各ビットの内容を左へ 1 ビットシフトする. b_7 をキャリフラグ C_Y に, キャリフラグ C_Y を b_0 にシフトする.

例 B レジスタの内容が $(79)_{16}$, フラグ C_Y が 1 のとき, 命令 | RL B | を実行すると図 6・55 のようにレジスタ $B=(F3)_{16}$, フラグ $C_Y=0$ となる.

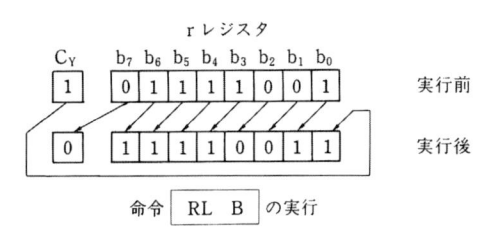

```
         r レジスタ
   C_Y   b_7 b_6 b_5 b_4 b_3 b_2 b_1 b_0
   [1]   [0][1][1][1][1][0][0][1]    実行前

   [0]   [1][1][1][1][0][0][1][1]    実行後

       命令 | RL B | の実行
```

図 6・55

2 右方向ローテート命令

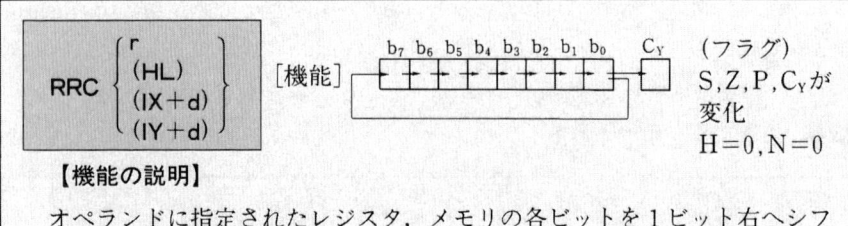

$\text{RRC} \begin{Bmatrix} r \\ (HL) \\ (IX+d) \\ (IY+d) \end{Bmatrix}$ ［機能］ $b_7\ b_6\ b_5\ b_4\ b_3\ b_2\ b_1\ b_0 \rightarrow C_Y$

（フラグ）
S, Z, P, C_Y が変化
$H=0, N=0$

【機能の説明】
オペランドに指定されたレジスタ，メモリの各ビットを1ビット右へシフトする．C_Y，b_7 には b_0 の内容がシフトされる．

$\text{RR} \begin{Bmatrix} r \\ (HL) \\ (IX+d) \\ (IY+d) \end{Bmatrix}$ ［機能］ $b_7\ b_6\ b_5\ b_4\ b_3\ b_2\ b_1\ b_0 \rightarrow C_Y$

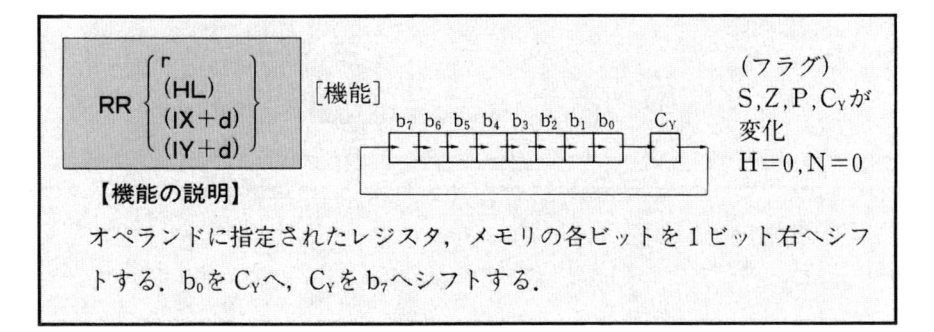

（フラグ）
S, Z, P, C_Y が変化
$H=0, N=0$

【機能の説明】
オペランドに指定されたレジスタ，メモリの各ビットを1ビット右へシフトする．b_0 を C_Y へ，C_Y を b_7 へシフトする．

例 Hレジスタの内容が $(5A)_{16}$ のとき命令 `RRC H` を実行すると，図6・56のようにレジスタ $H=(2D)_{16}$，フラグ $C_Y=0$ となる．

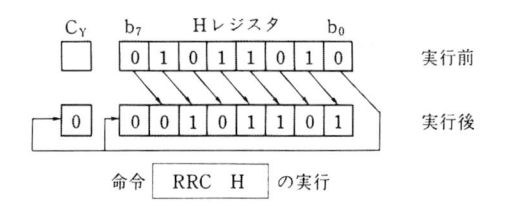

C_Y	b_7 Hレジスタ b_0	
□	0 1 0 1 1 0 1 0	実行前
0	0 0 1 0 1 1 0 1	実行後

命令 `RRC H` の実行

図6・56

3 算術的左方向シフト命令

指定したレジスタ・メモリの内容を2倍するときに用いられる．

6.4 ローテートシフト命令・ビット操作命令

$$\text{SLA} \begin{cases} r \\ (HL) \\ (IX+d) \\ (IY+d) \end{cases}$$

[機能]

$C_Y \leftarrow b_7 b_6 b_5 b_4 b_3 b_2 b_1 b_0 \leftarrow 0$

(フラグ)
S, Z, P, C_Y が変化
$H=0, N=0$

【機能の説明】
オペランドに指定した r, (HL), (IX+d), (IY+d) の各ビットの内容を左方向へ 1 ビットシフトする。b_0 には 0, キャリフラグ C_Y には b_7 がシフトされる。

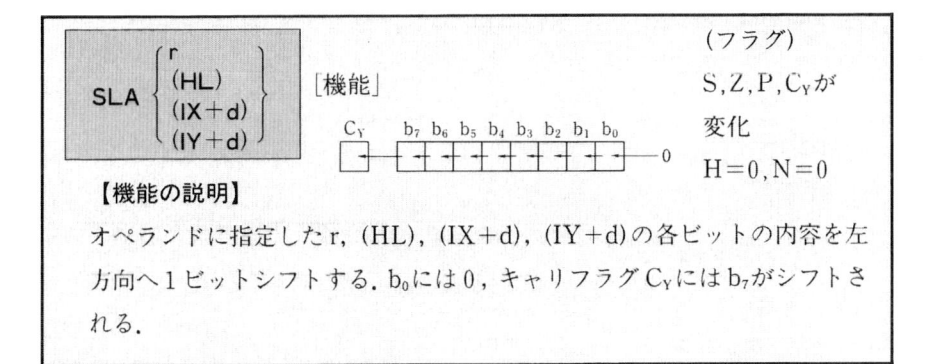

例 B レジスタの内容を 2 倍する命令は $\boxed{\text{SLA B}}$ である。たとえば、実行前の B レジスタの内容が $(21)_{16}$ のとき、$\boxed{\text{SLA B}}$ を実行すると、B レジスタの内容は $(42)_{16}$ と 2 倍された値になる。

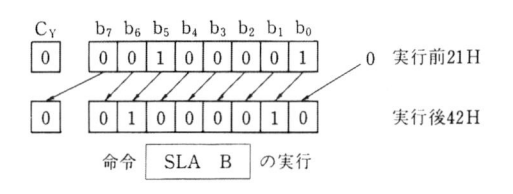

C_Y　$b_7 b_6 b_5 b_4 b_3 b_2 b_1 b_0$
$\boxed{0}$　$\boxed{0\ 0\ 1\ 0\ 0\ 0\ 0\ 1} \leftarrow 0$　実行前 21H

$\boxed{0}$　$\boxed{0\ 1\ 0\ 0\ 0\ 0\ 1\ 0}$　実行後 42H

命令 $\boxed{\text{SLA B}}$ の実行

図 6・57

4 論理的右方向シフト命令 指定したレジスタ、メモリの内容を 1/2 倍するときに用いられる。

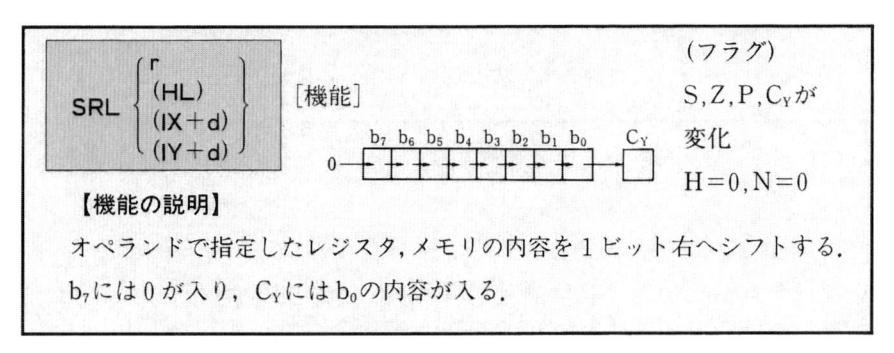

$$\text{SRL} \begin{cases} r \\ (HL) \\ (IX+d) \\ (IY+d) \end{cases}$$

[機能]

$0 \rightarrow b_7 b_6 b_5 b_4 b_3 b_2 b_1 b_0 \rightarrow C_Y$

(フラグ)
S, Z, P, C_Y が変化
$H=0, N=0$

【機能の説明】
オペランドで指定したレジスタ、メモリの内容を 1 ビット右へシフトする。b_7 には 0 が入り、C_Y には b_0 の内容が入る。

例 C レジスタの内容を 1/2 倍する命令は $\boxed{\text{SRL C}}$ である。たとえば、C レ

ジスタの内容が$(42)_{16}$のとき， SRL C を実行するとCレジスタの内容は$(21)_{16}$と1/2倍された値になる．

問題 25　レジスタLの内容の3倍をHLレジスタに入れるプログラムを作れ．
【解答】

```
LD    H, 0
LD    A, L
SLA   A      ; 2倍
RL    H
ADD   A, L   ; 3倍
LD    L, A
LD    A, 0   ; 桁上げ
ADC   A, H
LD    H, A
HALT
```

図6・58

5　算術的右方向シフト命令　符号ビットを含む8ビットのレジスタ，メモリの内容を1/2倍するときに用いる．

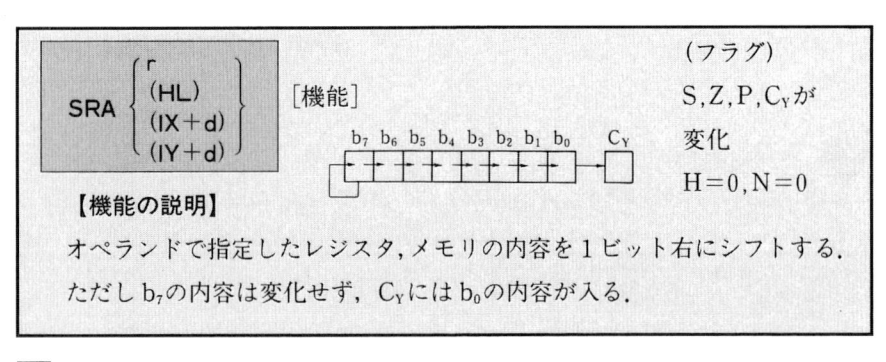

SRA $\begin{Bmatrix} r \\ (HL) \\ (IX+d) \\ (IY+d) \end{Bmatrix}$　［機能］　$b_7\ b_6\ b_5\ b_4\ b_3\ b_2\ b_1\ b_0 \rightarrow C_Y$

（フラグ）
S, Z, P, C_Yが変化
$H=0, N=0$

【機能の説明】
オペランドで指定したレジスタ，メモリの内容を1ビット右にシフトする．ただしb_7の内容は変化せず，C_Yにはb_0の内容が入る．

例　Eレジスタの内容のb_7が符号ビットのとき，この数を1/2倍する命令語は， SRA E である．
たとえば，実行前のレジスタEが$(C0)_{16}=(-64)_{10}$のとき SRA E を実行するとレジスタEは$(E0)_{16}=(-32)_{10}$となり，符号を含めて1/2倍された値となる．

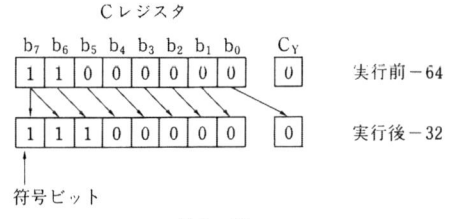

6.4 ローテートシフト命令・ビット操作命令

```
            Cレジスタ
     b₇ b₆ b₅ b₄ b₃ b₂ b₁ b₀   C_Y
    │1│1│0│0│0│0│0│0│  │0│   実行前－64
    │1│1│1│0│0│0│0│0│  │0│   実行後－32
     ↑
    符号ビット
```

図6・59

6 **4ビットローテート命令** 4ビットローテート命令には，左方向ローテートとして命令 RLD ，右方向ローテートとして命令 RRD がある．この命令は，HLレジスタで指定されるメモリの内容のASCIIコードを作るときに用いられる．

RLD ［機能］
(フラグ)
S, Z, Pが変化
H = N = 0
C_Y が変化しない

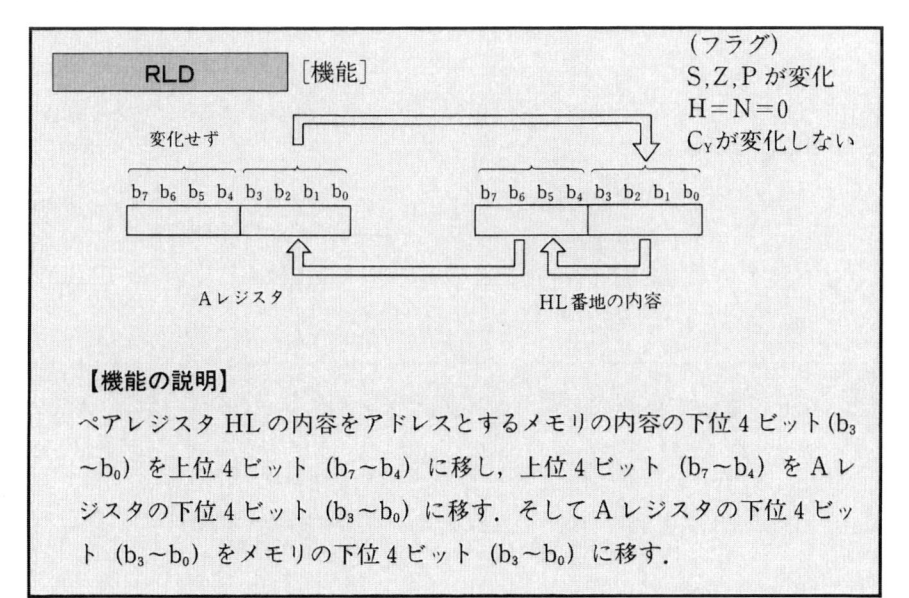

変化せず

b₇ b₆ b₅ b₄ │ b₃ b₂ b₁ b₀   b₇ b₆ b₅ b₄ │ b₃ b₂ b₁ b₀

Aレジスタ   HL番地の内容

【機能の説明】
ペアレジスタHLの内容をアドレスとするメモリの内容の下位4ビット ($b_3 \sim b_0$) を上位4ビット ($b_7 \sim b_4$) に移し，上位4ビット ($b_7 \sim b_4$) をAレジスタの下位4ビット ($b_3 \sim b_0$) に移す．そしてAレジスタの下位4ビット ($b_3 \sim b_0$) をメモリの下位4ビット ($b_3 \sim b_0$) に移す．

例 HLレジスタの内容を $(3500)_{16}$，メモリの3500H番地の内容を $(28)_{16}$，Aレジスタの内容を $(30)_{16}$ とするとき，命令 RLD を実行すると図6・60のように，Aレジスタの下位4ビットの $(0)_{16}$ が3500H番地の下位4ビットに入り，下位4ビットの $(8)_{16}$ が上位4ビットに入り，上位4ビットの $(2)_{16}$ がAレジスタの下位4ビットに入る．つまり実行後のAレジスタの内容は，$(32)_{16}$，3500H番地の内容は $(80)_{16}$ となる．

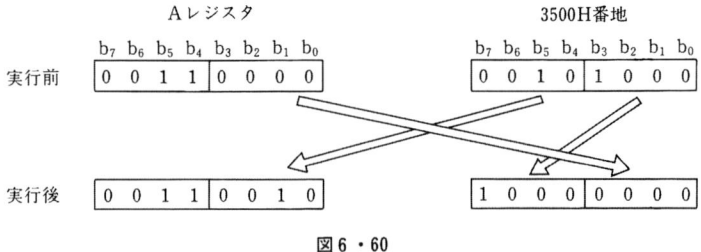

148　Z 80 の命令

　　　　　　　　　　Aレジスタ　　　　　　　　　　　3500H番地
　　　　　　　　$b_7\ b_6\ b_5\ b_4\ b_3\ b_2\ b_1\ b_0$　　　　$b_7\ b_6\ b_5\ b_4\ b_3\ b_2\ b_1\ b_0$
実行前　　　| 0　0　1　1 | 0　0　0　0 |　　　| 0　0　1　0 | 1　0　0　0 |

実行後　　　| 0　0　1　1 | 0　0　1　0 |　　　| 1　0　0　0 | 0　0　0　0 |

図 6・60

RRD　　［機能］

（フラグ）
S,Z,P が変化する
H = N = 0
C_Y は変化せず．

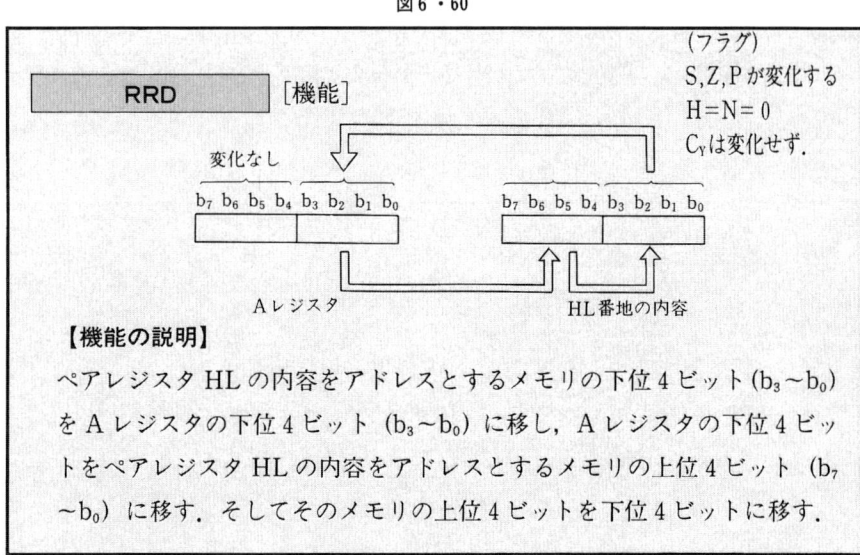

変化なし
$b_7\ b_6\ b_5\ b_4\ b_3\ b_2\ b_1\ b_0$　　　$b_7\ b_6\ b_5\ b_4\ b_3\ b_2\ b_1\ b_0$

　　　Aレジスタ　　　　　　　　　HL番地の内容

【機能の説明】
ペアレジスタ HL の内容をアドレスとするメモリの下位 4 ビット (b_3〜b_0) を A レジスタの下位 4 ビット (b_3〜b_0) に移し，A レジスタの下位 4 ビットをペアレジスタ HL の内容をアドレスとするメモリの上位 4 ビット (b_7〜b_0) に移す．そしてそのメモリの上位 4 ビットを下位 4 ビットに移す．

|例|　3700 H 番地にストアされている BCD コード 2 桁の上位桁と下位桁の ASCII コードをおのおの 3000 H 番地，3001 H 番地にストアするプログラムを作ると図 6・61 のようになる．

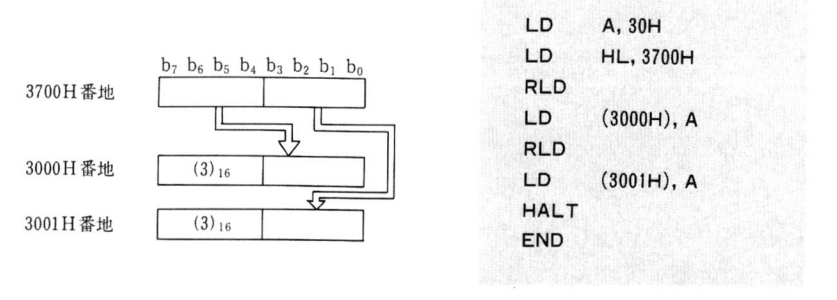

　　　　　　　$b_7\ b_6\ b_5\ b_4\ b_3\ b_2\ b_1\ b_0$
3700H番地　|　　　　　　　　　|

3000H番地　| $(3)_{16}$ |

3001H番地　| $(3)_{16}$ |

```
LD    A, 30H
LD    HL, 3700H
RLD
LD    (3000H), A
RLD
LD    (3001H), A
HALT
END
```

図 6・61

6.4.2 ビット操作命令

レジスタ・メモリの内容は8ビットで構成されている．その8ビットのうち，特定のビットのセット，リセット，テストの操作が必要となる場合がある．それらの操作を行う命令がビット操作命令である．

ビットセット命令，ビットリセット命令，ビットテスト命令の操作例を図6・62に示す．

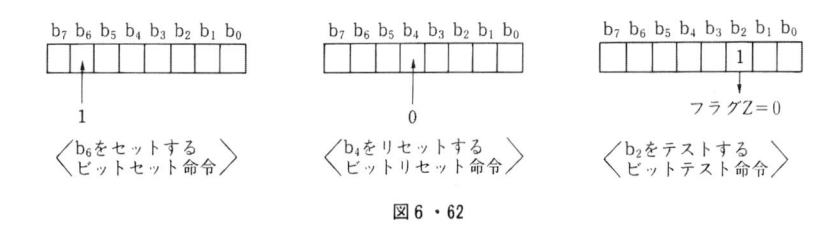

図6・62

1　ビットセット命令　レジスタ，メモリの指定されたビットに1を入れる命令である．

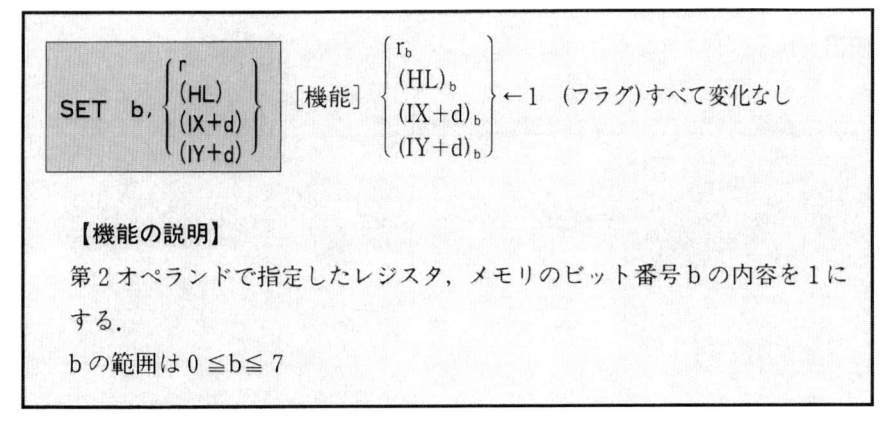

$$\text{SET } b, \begin{Bmatrix} r \\ (HL) \\ (IX+d) \\ (IY+d) \end{Bmatrix} \quad [機能] \begin{Bmatrix} r_b \\ (HL)_b \\ (IX+d)_b \\ (IY+d)_b \end{Bmatrix} \leftarrow 1 \quad (フラグ)すべて変化なし$$

【機能の説明】
第2オペランドで指定したレジスタ，メモリのビット番号bの内容を1にする．
bの範囲は $0 \leq b \leq 7$

[例]　命令　SET 5, C　はCレジスタのビット5 (b_5) を1とする命令である．

[問題26]　3A00H番地のビット0を1とするプログラムを作れ．

【解答】

```
LD    HL, 3A00H
SET   0, (HL)
HALT
```

図 6・63

2 **ビットリセット命令**　レジスタ,メモリの指定されたビットに 0 を入れる命令である.

$$\text{RES } b, \begin{Bmatrix} r \\ (HL) \\ (IX+d) \\ (IY+d) \end{Bmatrix} \quad [機能] \begin{Bmatrix} r_b \\ (HL)_b \\ (IX+d)_b \\ (IY+d)_b \end{Bmatrix} \leftarrow 0 \quad (フラグ) \text{ すべて変化なし}$$

【機能の説明】

第 2 オペランドで指定したレジスタ,メモリのビット番号 b の内容を 0 にする. b の範囲は $0 \leq b \leq 7$

命令 $\boxed{\text{RES 7, E}}$ は,レジスタ E のビット 7 (b_7) を 0 とする命令である.

3 **ビットテスト命令**　レジスタ,メモリの指定されたビットの内容のチェックをする命令である.

$$\text{BIT } b, \begin{Bmatrix} r \\ (HL) \\ (IX+d) \\ (IY+d) \end{Bmatrix} \quad [機能] \text{ フラグ} Z \leftarrow \begin{Bmatrix} \overline{r_b} \\ \overline{(HL)_b} \\ \overline{(IX+d)_b} \\ \overline{(IY+d)_b} \end{Bmatrix} \quad (フラグ) \begin{Bmatrix} Z \text{ は変化} \\ H=1, N=0 \\ C_Y \text{ は変化なし} \\ S, P, V \text{ は未定} \end{Bmatrix}$$

【機能の説明】

第 2 オペランドで指定したレジスタ,メモリのビット番号 b の内容をチェックし,0 ならばフラグ $Z=1$,1 ならばフラグ $Z=0$ とする.
b の範囲は,$0 \leq b \leq 7$

例　次のプログラムにおいて命令 $\boxed{\text{BIT 5, C}}$ 実行後のフラグ Z は 0 となる.

```
LD    C, 35 H  ⎫
BIT   5, C     ⎬  レジスタCの内容 35 H = (00110101)₂ より
HALT           ⎭  ビット 5(b₅) は 1 よりフラグ Z=0 となる．
```

問題 27　メモリの 3000 H 番地〜30 FF H 番地の内容でビット 7 (b_7) が 0 である番地の数を E レジスタに入れるプログラムを作れ．

【解答】

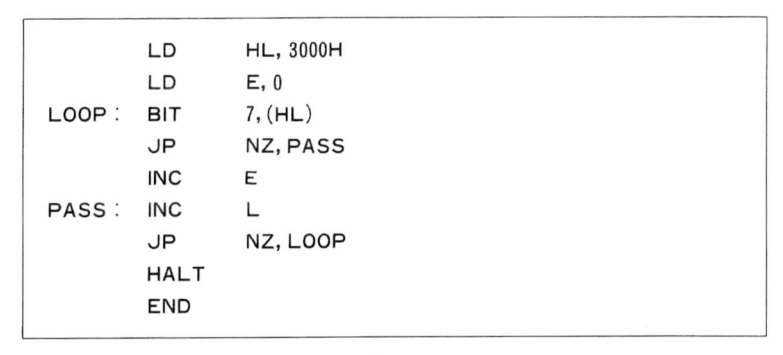

```
             LD    HL, 3000H
             LD    E, 0
    LOOP :   BIT   7, (HL)
             JP    NZ, PASS
             INC   E
    PASS :   INC   L
             JP    NZ, LOOP
             HALT
             END
```

図 6・64

6.5　入出力命令（Input/Output 命令）

　MPU に接続された入力装置（キーボードなど）や出力装置（プリンタなど）とのデータのやりとりを行う命令を入出力命令という．

　MPU とメモリ間のデータ転送を行う LD（ロード）命令は，次のように実行される．メモリにレジスタの内容を転送する命令には，メモリのアドレスとレジスタ名の指定が必要である．これと同様に，入出力装置とレジスタ間のデータ転送

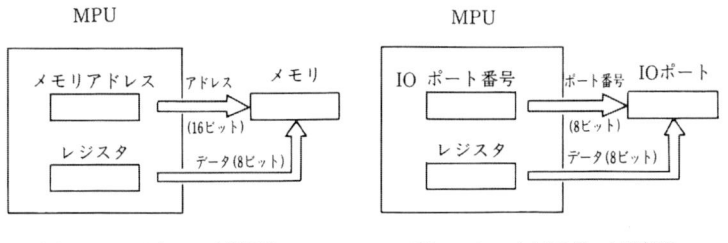

(a)　レジスタとメモリ間転送　　　(b)　レジスタと IO ポート間転送

図 6・65

を行うには，入出力装置の番号（IOポート番号）とレジスタ名の指定が必要である．"レジスタとメモリ間転送"と"レジスタとIOポート間転送"の概念を図示すると図6·65のようになる．

IOポートには，入力機器から入力データを受け取る入力ポートと，出力機器へ送るデータを送出する出力ポートの2種類がある．

入力ポートのデータをMPUのレジスタに転送する命令は入力命令(IN)，出力ポートへデータをMPUのレジスタから転送する命令は出力命令(OUT)である．

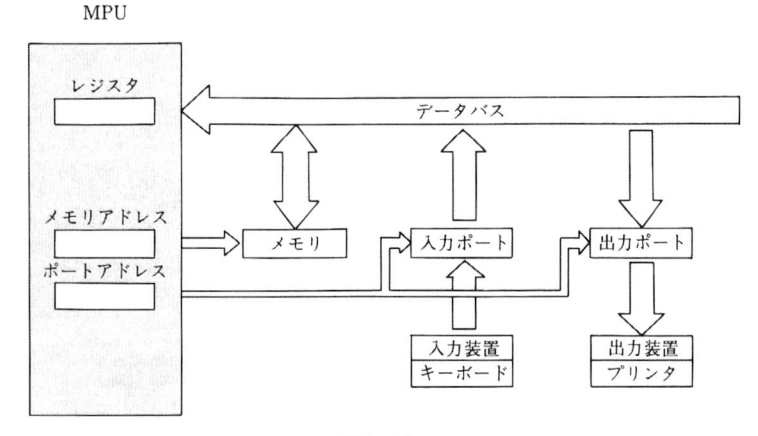

図6・66

6.5.1 入力命令

入力ポートのデータを指定のレジスタに転送する命令である．

入力ポート番号の指定方法は，直接指定と間接指定の2とおりがある．

1 ポート番号直接指定入力命令

IN A,（n）　　［機能］　A←(ポート番号n)　（フラグ）すべて変化なし

【機能の説明】

ポート番号nの入力ポートの内容をAレジスタに転送する．

nの範囲は，$0 \leq n \leq 255$

6.5 入出力命令（Input/Output 命令）　*153*

|例|　ポート番号 50 H のポートの内容を A レジスタに転送する命令は
　　　　　　IN　A,　(50 H)
である．

2　**ポート番号間接指定入力命令**　　C レジスタの内容をポート番号とし，そのポートの内容を r レジスタに転送する命令である．

IN　r,　(C)　　［機能］r ←(C)　　（フラグ）$\begin{cases} S,Z,P,H は変化 \\ N = 0 \\ C_Y は変化なし \end{cases}$

【機能の説明】
C レジスタの内容をポート番号とする入力ポートの内容を r レジスタに転送する．r レジスタは A，B，C，D，E，H，L のいずれか．

|例|　C レジスタの内容が $(52)_{16}$ のとき，　IN　A,　(C)　の命令は，　IN　A,　(52 H)　と同じ機能を持つ命令である．

6.5.2　出力命令

出力ポートに指定のレジスタの内容を転送する命令である．
出力ポート番号の指定方法は，直接指定と間接指定の 2 とおりがある．

1　**ポート番号直接指定出力命令**

OUT　(n),　A　　［機能］（ポート番号 n）← A　　（フラグ）すべて変化なし
【機能の説明】
ポート番号 n の出力ポートに A レジスタの内容を転送する．
n の範囲は $0 \leq n \leq 255$

|例|　ポート番号 50 H の入力ポートの内容をポート番号 51 H の出力ポートに転送するプログラムは，次のようになる．

```
IN    A, (50H)
OUT   (51H), A
HALT
```

図 6・67

2 ポート番号間接指定出力命令

OUT (C), r　［機能］(C) ← r　（フラグ）すべて変化なし

【機能の説明】
Cレジスタの内容をポート番号とする出力ポートにrレジスタの内容を転送する．rはA, B, C, D, E, H, Lのいずれか．

例　ポート番号50Hの入力ポートの内容をポート番号51Hの出力ポートに転送するプログラムは，次のようになる．

```
LD    C, 50H
IN    A, (C)
INC   C
OUT   (C), A
HALT
```

図 6・68

問題 28　ポート番号70Hの出力ポートに0，1，2…255を出力するプログラムを作れ．

【解答】

```
         LD    A, 0
LOOP:    OUT   (70H), A
         INC   A
         JP    NZ, LOOP
         HALT
```

図 6・69

6.6 MPU 制御命令と(A レジスタ)操作命令

1 MPU 制御命令

| HALT | [機能] | MPU に次の命令を実行させない命令.
つまり HALT 命令の実行を MPU は繰り返す. |

| NOP | [機能] | PC (プログラムカウンタ) 値を 1 増す命令. |

2 A レジスタ操作命令

| CPL | [機能] | $A \leftarrow \bar{A}$
A レジスタの内容を反転する. |

| NEG | [機能] | $A \leftarrow \bar{A}+1$
A レジスタの 2 の補数を A レジスタに入れる命令 |

| CCF | [機能] | $C_Y \leftarrow \overline{C_Y}$
C_Y (キャリ) フラグを反転する. |

| SCF | [機能] | $C_Y \leftarrow 1$
C_Y (キャリ) フラグに 1 をセットする. |

6.7 コール命令・リターン命令

プログラムを作成すると，プログラム中にいくつもの同一の処理があることに気づく．このような場合，同一の処理を取り出して一つのプログラムとして独立したサブルーチンプログラムとし，必要に応じてそのサブルーチンを呼び出すほうが効率的である．このサブルーチンを呼び出す命令を**コール命令**，サブルーチンからメインルーチンへ戻る命令を**リターン命令**という．

このコール命令は，指定された番地にジャンプする動作が，ジャンプ命令と似ているが，コール命令の場合，戻り番地をスタックエリヤにPUSHした後，指定された番地にジャンプするところがジャンプ命令と異なる．

リターン命令は，コール命令でスタックエリヤにPUSHしてあった戻り先番地をPOPで取り出し，その戻り先番地にジャンプする機能がある．

図6・70に，コール命令・リターン命令の動作を示す．

```
        メインルーチンプログラム              サブルーチンプログラム
        (メインルーチンと略す)                (サブルーチンと略す)
              :
              :                AAAをスタックエリヤに
           LD    B,0           PUSH後              SUB: PUSH  BC
           CALL  SUB           SUB番地にジャンプ          :
   AAA:    LD    A,B                                 LD    B,8
              :                スタックエリヤからAAAを      :
              :                取り出しAAA番地にジャンプ   POP   BC
           HALT                                    RET

                   コール，リターン命令の動作
```

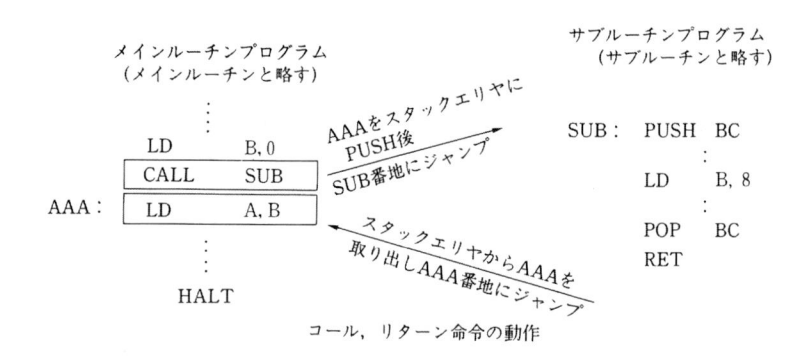

図6・70

メインルーチンのコール命令 `CALL SUB` が実行されると，戻り番地のAAAがスタックエリヤにPUSHされた後，サブルーチンのSUB番地へジャンプする．サブルーチンのリターン命令 `RET` が実行されるとスタックエリヤにPUSHされていたAAAを取り出しAAA番地にジャンプして，メインルーチンのコール命令 `CALL SUB` の次の命令 `LD A,B` の実行に移る．

さらに詳しくハードウェア的に説明する．

　CALL SUB を実行中のPC（プログラムカウンタ）の内容は，次の命令の入っている番地のAAAである．このPCの内容をスタックエリヤにセーブ後PCにサブルーチンの入口の番地のSUBをセットすると，MPUは自動的にSUB番地以降の命令を実行する．ここでリターン命令の RET が実行されるとスタックエリヤにセーブされていたAAAがPCにセットされ，MPUは自動的にAAA番地以降の命令の実行に移る．

　またサブルーチン中で作業用レジスタとして使用するレジスタの内容は，サブルーチン実行中に変わるのでPUSH命令を使ってスタックエリヤにセーブ（退避）させておき，リターン命令 RET の直前でスタックエリヤからPOP命令で復帰させておく必要がある．

　次に図6・70のコール・リターン命令動作のスタックエリヤの状態を図6・71に示す．

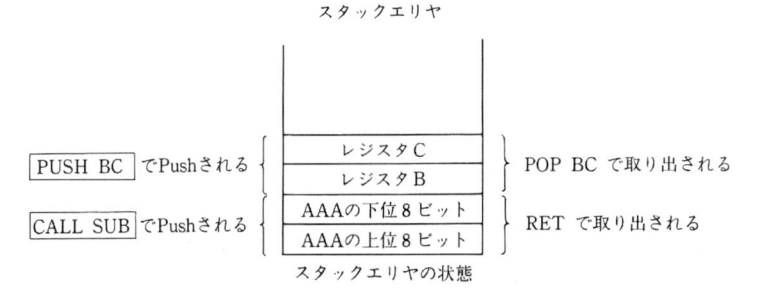

図6・71

コール命令には，無条件コール命令と条件付きコール命令がある．同様に，リターン命令にも，無条件リターン命令と条件付きリターン命令がある．

6.7.1 コール命令

サブルーチンの実行に移す命令のコール命令には，無条件コール命令と条件付きコール命令がある．

1　無条件コール命令　この命令が実行されると指定されたサブルーチンの実行に移る．

CALL nn

[機能]

$(SP-1) \leftarrow PC_H$　；PCの上位8ビットをスタックエリヤのSP−1番地に入れる．

$(SP-2) \leftarrow PC_L$　；PCの下位8ビットをスタックエリヤのSP−2番地に入れる．

$SP \leftarrow SP-2$　；スタックポインタSPの内容から2減じる．

$PC \leftarrow nn$　；16ビットのnnをPCにセットする．

【機能の説明】
この命令実行中のPCの内容をスタックエリヤにPUSHし，指定されたサブルーチンの入口のnn番地にジャンプする．

例　CALL 5000H は先頭番地5000Hのサブルーチンを実行する命令．

2 条件付きコール命令　　CALL CC, nn　この命令の条件はジャンプ命令と同様フラグの状態である．

条件CCは，NZ，Z，NC，C，PO，PE，P，Mの8種がある．

条件が満たされたときのみCALL命令を実行し，それ以外のときは次の命令を実行する．

6.7.2 リターン命令

サブルーチンからメインルーチンの戻り先番地の命令の実行に移る命令である．すなわち，スタックポインタSPが示す番地の内容をPC(プログラムカウンタ)に入れる命令である．

無条件リターン命令と条件付きリターン命令の2種類がある．

6.7 コール命令・リターン命令

1 無条件リターン命令

> **RET** ［機能］
> $PC_L \leftarrow (SP)$; ｝スタックエリヤのSP+1番地，SP番地の内容をPCの
> $PC_H \leftarrow (SP+1)$; ｝上位，下位のおのおの8ビットに入れる．
> $SP \leftarrow SP+2$; SPの内容を2増す．
> 【機能の説明】
> スタックエリヤの16ビットの内容をPCにPOPする．

（2）**条件付きリターン命令** ［RET CC］ この命令の条件CCは，NZ, Z, NC, C, PO, PE, P, Mの8種類があり，条件が満足されたときのみRET命令を実行し，それ以外では，次の命令を実行する．

例 次のプログラム実行中のスタックエリヤ，SP, PCの内容の変化を書くと，図6・72のようになる．

```
        ；メインプログラム

        ORG    100H
        LD     SP, 4000H  ；①
        CALL   200H       ；②
        HALT              ；⑤

        ；サブルーチンプログラム

        ORG    200H
        LD     B, A       ；③
        RET               ；④
        END
```

命実令行の順	命令実行後の内容				
	プログラムカウンタ PC	スタックポインタ SP	スタックエリヤ		
			4000	3FFF	3FFE
①	103	4000			
②	200	3FFE		01	06
③	201	3FFE		01	06
④	106	4000		01	06
⑤	106	4000		01	06

図6・72

問題 29 次のプログラム実行後のスタックエリヤ，SP, PC, HL レジスタの内容を示せ．

```
;メインプログラム            ;サブルーチンプログラム
ORG   3000H                ORG   3100H
LD    SP, 4000H      SUB1：PUSH  HL
LD    HL, 1234H            LD    HL, 59H
CALL  SUB1                 POP   HL
HALT                       RET
```

図 6・73

【解答】

SP ＝4000 H
PC ＝3009 H
HL ＝1234 H

スタックエリア

3FFCH	34
3FFDH	12
3FFEH	09
3FFFH	30
4000H	

問題 30 次のプログラム実行後のスタックエリヤ，SP, PC, BC, HLレジスタの内容を示せ．

```
;メインプログラム       ;サブルーチン1            ;サブルーチン2
ORG   3000H            ORG   200H              ORG   300H
LD    SP, 1000H  SUB1：PUSH  HL           SUB2：PUSH  BC
LD    HL, 1234H        LD    BC, 5678H         POP   HL
CALL  SUB1             CALL  SUB2              RET
HALT                   POP   BC
                       RET
```

図 6・74

6.7 コール命令・リターン命令

【解答】

SP ＝1000 H
PC ＝3009 H
BC ＝1234 H
HL ＝5678 H

スタックエリヤ

アドレス	値
0FF8H	78
	56
	07
	02
	34
	12
0FFEH	09
0FFFH	30
1000H	

第 7 章

プログラム開発

前章までZ80の命令の機能と用い方を考えてきたが，いくら個々の命令をよく知っていてもコンピュータに目的とする動作をさせることはできない．

われわれはコンピュータを効率よく目的の動作をさせるプログラムの作り方の基本，すなわちアルゴリズムとその表現方法について考え，さらに実際のプログラム例をいくつか取り上げ，フローチャートと第6章で述べたZ80の命令の取り扱い，およびプログラムの作り方を考えることにする．

7.1 システム開発とプログラムの作成手順

7.1.1 システム開発

システム開発を行う場合，図7・1に示すような方法を取る．

まず最も大事なことは仕様の決定であり，ここでそのシステムの目的と機能範囲を明らかにし，できるだけ明文化しておくようにすることが必要である．

汎用機ではここで業務分析など行い，かなり大がかりなことになるが，われわれが今ここで考えているのは，制御対象などが明らかになっているシステムを想定しているので，仕様の決定は比較的容易である．

しかし，ここでの変更はハードウェアとソフトウェアの全体に影響を及ぼすので，制御対象機器の細部にわたる条件の分析や，機器の使用環境などの分析が必要である．

次に目的に沿ったコンピュータシステムの構成，すなわち必要な周辺機器，メ

7.1 システム開発とプログラムの作成手順

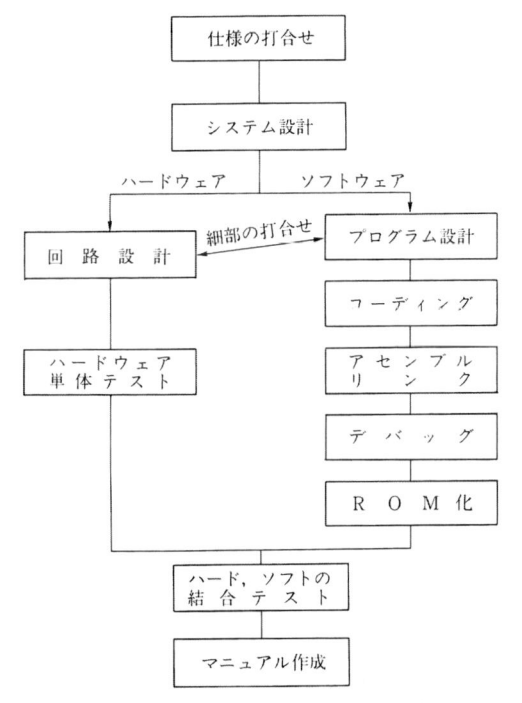

```
        仕様の打合せ
             ↓
        システム設計
       ↙          ↘
  ハードウェア      ソフトウェア
       ↓              ↓
   回 路 設 計 ←細部の打合せ→ プログラム設計
       ↓              ↓
                   コーディング
       ↓              ↓
   ハードウェア      アセンブル
   単体テスト        リンク
       ↓              ↓
                   デバッグ
       ↓              ↓
                   ＲＯＭ化
       ↘          ↙
        ハード,ソフトの
        結合テスト
             ↓
        マニュアル作成
```

図 7・1　システム開発の作業の流れ

モリ容量, I/O インタフェースの種類と数, 速度, 割込みの種類やデータの処理方法などを決定していく. この過程の中でハードウェアが分担する部分とソフトウェアが分担する部分を次第に明らかにしていく.

　ここまでは, ハードウェアの担当者とソフトウェアの担当者が共同で（小システムでは同一の者がこの両方を取り扱うことが多い）行い, お互いの分担をはっきりさせておく必要がある.

　この後, 若干の確認(ポートアドレスやメモリアドレスその他の変更事項など)を行ってはいくが, 図 7・1 に示すように一般にハードウェア設計とソフトウェア設計に分かれて設計し, 最後にこれらをまとめて結合テストを行い, ハード面, ソフト面での不都合な部分の修正などを行い, 完全なシステムにまとめていく.

　ここでは図 7・1 において, ソフトウェア担当者としての立場から一連の作業を考えてみることにする.

7.1.2　プログラムの作成手順

プログラムの作成には，一般に次のような手順を踏んで行われる．

1　**ハードウェア環境を正確に認識する**　　入出力装置やセンサの種類，また通信回線などからデータを読み込むときは，データの速度，直列並列の区分，コンピュータ内部では，メモリサイズ，処理データ長，速度，割込みの種類などを正確に認識しておくこと．

2　**プログラムの要求と仕様を明確にする**　　どのような形式のデータをどのくらい入力するのか，またどのような形式で何に出力するのか，プログラムで何を行いたいか，どの程度まで行えばよいかという範囲を明確にしておく．これによりソフトとハードの分担が明らかになる．

このとき一般の製品設計と同様に，マン・マシンインタフェースが大切であり，この見地から入力装置およびデータ形式，出力装置や出力データの形式なども考慮しておく必要がある．また使用する入出力ポート，ビット割当て，スタック領域，メモリマップなどは仕様の中に明らかにしておく．

3　**プログラムの設計を行う**

■**アルゴリズムの決定**　　プログラムに対する要求と仕様を満たす適切な手段と方法を決める．

たとえば，次のような2進の乗算を行う場合を考えると，

```
      1100       (12 D)
    × 101       ( 5 D)
      1100
     0000
    1100
    111100      (60 D)
```

1100を5回加えて求める方法，被乗数と乗数の桁が大きくないなら，これらの組合せによる答えのテーブルを作り直接答を出す方法や，2進の性質を利用し，シフトと加算により解を得る方法，そのほかさまざまな方法が考えられる．

このように処理を行うとき，どう行うか，またどの方法が適切かを考えていくのが**アルゴリズム**（Algorithm）であり，一連の作業の中で最も重要な項目である．

このとき大まかなことを決定してから，これを次第に細かいレベルに思考を進めていくことが望ましい．その方法として小さい処理をサブプログラム化し，これらを合わせて一つのプログラムを作り上げる方法，すなわちプログラムの構造化を図ると，

① プログラム作成の分業化が可能となる
② デバッグ作業が容易となる
③ プログラムの全体像が第三者から見てわかりやすい

というメリットが生じる．これを**トップダウン法**による**構造化プログラム**という．

■**フローチャートの作成**　このアルゴリズムを表現する方法として，プログラム構造図やアルゴリズムの記述に適したＣ言語や，パスカルを用いて記述する方法などさまざまな方法が考えられるが，最も一般的でわかりやすい方法にフローチャートがある．この場合もトップダウン的考えから大まかなフローチャートと細かいレベルのフローチャートを作れば便利である．

4　**コーディング**　フローチャートで示された処理手順をプログラム言語で記述する．

5　**プログラムテストとデバッグ**　プログラム言語を機械語に変換し，実行テストを行う．このとき考えられるあらゆる条件をできるだけ与えてテストしてみること．そしてこの結果，問題点やプログラムの文法的エラーなどを発見し，これを取り除くことを，**デバッグ** (debug) という．この段階でコーディングミスは発見次第簡単に取り除けるが，アルゴリズムのミスや仕様のミスは初めから大幅な変更となり，これまでの労力が無駄になることが多いので，特に(1)～(3)に十分時間をかけること．

6　**プログラムの保存**　完成したプログラムをファイルまたは ROM に格納する．

7.2　フローチャートと記号

フローチャートは作業の処理方法と手順を図表で表したものであり，次のように区分される．

```
                ┌─ システム
                │   フローチャート
フローチャート ─┤                    ┌─ ゼネラル
                │                    │   フローチャート
                └─ プログラム    ────┤
                    フローチャート   │
                                     └─ ディティル
                                         フローチャート
```

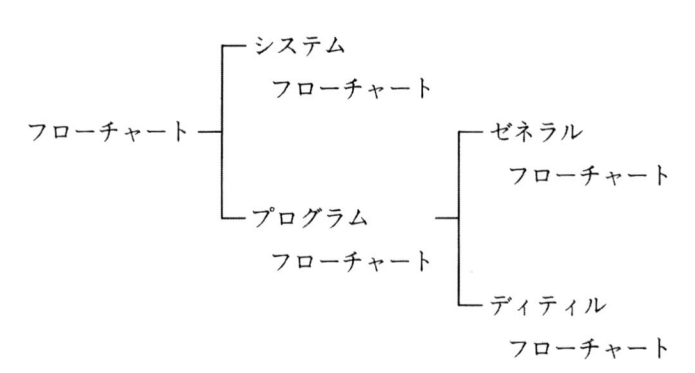

表7・1　システムフローチャートによく用いられる記号

記　号	意　味
(台形記号)	手操作入力 キーボード入力など
(磁気テープ記号)	磁気テープ
(書類記号)	書類 プリンタ出力
(稲妻型記号)	通信 通信回線を示す
(円柱記号)	磁気ディスク
(四角に丸記号)	フロッピーディスク

システムフローは，計算機処理を含んだ作業全体の処理形態を表すもので，会社全体や部門間のデータの流れなどを明確にしたものである．プログラムフローは，計算機で処理する部分の手順，すなわちアルゴリズムを表すものであり，これを大まかに表したものが，**ゼネラルフロー**で，ゼネラルフローの処理ブロックをアセンブリ言語レベル近くに詳細に表したものが，**ディティルフロー**である．

プログラムを考える場合は，できるだけ処理を構造化して考えるためゼネラル

表7・2　よく使用されるフローチャート記号

記　号	意　味
□	処理．あらゆる種類の処理機能を表す
◇	条件判断・分岐を行う．またはスイッチ式の操作を示す
⬡	準備，スイッチの設立，ルーチンの初期値設定などプログラム自身を変えるための命令または命令群の修飾を示す
▯	定義済み処理．サブルーチンなど外部で定義される処理．
▱	入出力．入出力に関する処理
○　⬠	結合子．他の場所への出口または他の場所からの入口
▭	端子．開始，終了

フローのレベルで行うようにして全体を見わたしやすくしておくこと．

このフローチャートに用いられる記号は JIS に定められているが，システムフローにおいてよく使用されるものは，表 7・1 に示したものである．

またプログラムフローチャートに用いられる記号のうち，よく使用されるものを表 7・2 に示したが，およそこの程度を記憶しておけば十分と思われる．ここで簡単に使い方を説明しておこう．

1　端　子　　フローチャートの先頭と最後を示すのに用いられる．プログラム全体には図 7・2 (a) の START，STOP を用い，個々のブロックには BIGIN，END や ENTER，EXIT を用いることがある．またサブルーチンには，マイクロコンピュータではサブルーチン名と RETURN が用いられる（図 7・2 (b)）．

(a)　プログラム全体　　　(b)　サブルーチン

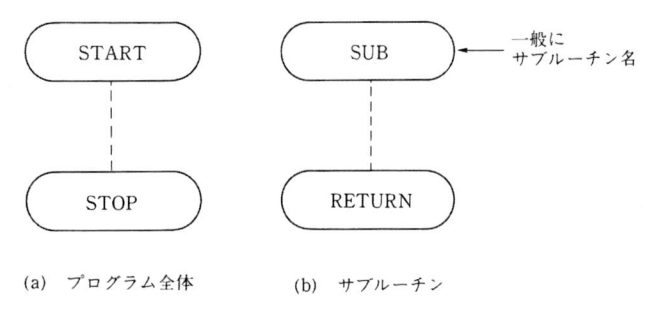

図 7・2　端子記号の用い方

2　処　理　　データの演算，転送，変換などコンピュータに行わせる処理操作を記述する．処理内容は図 7・3 に示すように文章または式で記述する．

この処理を矢印で結びつけてアルゴリズムを表現するが，矢印は上から下，左

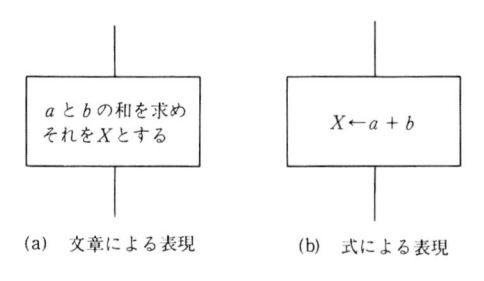

(a)　文章による表現　　　(b)　式による表現

$X \leftarrow a + b$

図 7・3　処理の記述方法

から右が一般的な方向である．この場合，常識的に順序がわかるときは，矢印の付加を省略することも多い．

3　入出力　　入力や出力処理を示す記号．初心者のうちは，入出力装置の種類を示す記号を用いてもよい．

4　判断　　フローチャートの中で，判断とその結果に基づく分岐を起こさせる部分に用いる記号である．いま a と b を比べ等しかったら P の処理を行い，等しくなければ Q の処理を行う場合，これを記述すると図 7・4 に示す方法がある．すなわち，同図 (a) のように文章で書く方法，同図 (b) のように判断条件を数式化して簡単化したもの，同図 (c) のように条件を外に示し，さまざまな比較記号を扱うものがある．

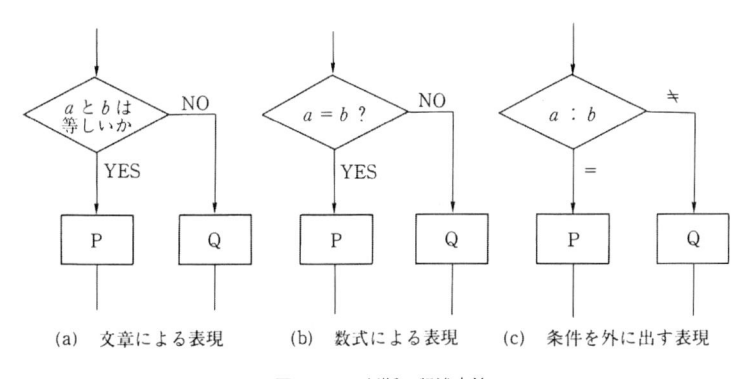

(a)　文章による表現　　(b)　数式による表現　　(c)　条件を外に出す表現

図 7・4　判断の記述方法

7.3　基本的なフローチャート

われわれがこれから取り扱うプログラムは簡単なものから複雑なものまであるが，これらは，次に述べる三つの基本形のいずれかであったり，基本形を組み合わせたものであったりする．ここではフローチャートの基本形について考えてみよう．

1　順処理型フローチャート　　このフローチャートは最も基本的なもので，処理を順々に行い終了するものである．たとえば，図 7・5 に示すメモリ内のデータ A, B, C を 0DATA 番地から上位番地に格納するプログラムフローチャート

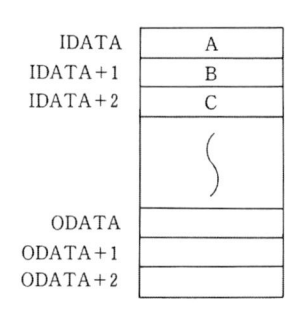

```
    IDATA     | A |
    IDATA+1   | B |
    IDATA+2   | C |
              |   |
              | ⟨ |
              |   |
    ODATA     |   |
    ODATA+1   |   |
    ODATA+2   |   |
```

図7・5 メモリ内のデータ配列

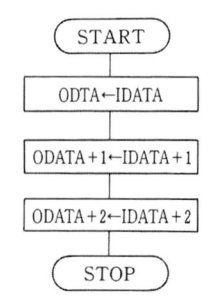

```
         ( START )
            ↓
     ODTA←IDATA
            ↓
   ODATA+1←IDATA+1
            ↓
   ODATA+2←IDATA+2
            ↓
         ( STOP )
```

図7・6 順処理型フローチャート

の一例を示すと，図7・6のような順処理型で表現できる．

2 **分岐処理型フローチャート**　特定の条件を与え，その条件により次の処理内容を異にするものが分岐処理型である．これには図7・7に示すように2種のフローチャートが考えられる．

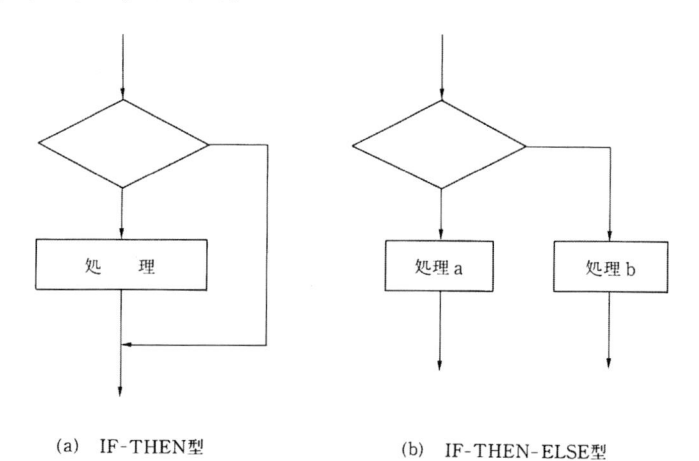

　　　(a) IF-THEN型　　　　　　　　(b) IF-THEN-ELSE型

図7・7 分岐処理型フローチャート

3 **繰返し型フローチャート**　図7・8に示すようなフローチャートで，ある一定条件を与え，この条件が満たされるまで同一処理を繰り返し，条件が満たされるとほかの処理を行うものである．この例として，図7・5のIBUF番地から20バイトのデータをOBUF番地から上位番地へ転送するプログラムのフローチャートを図7・9に示す．同図(a)(b)いずれの方法でもよいがZ80の場合はDJNZ命

7.3 基本的なフローチャート

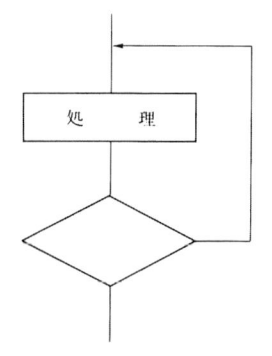

図7・8 繰返し型フローチャート

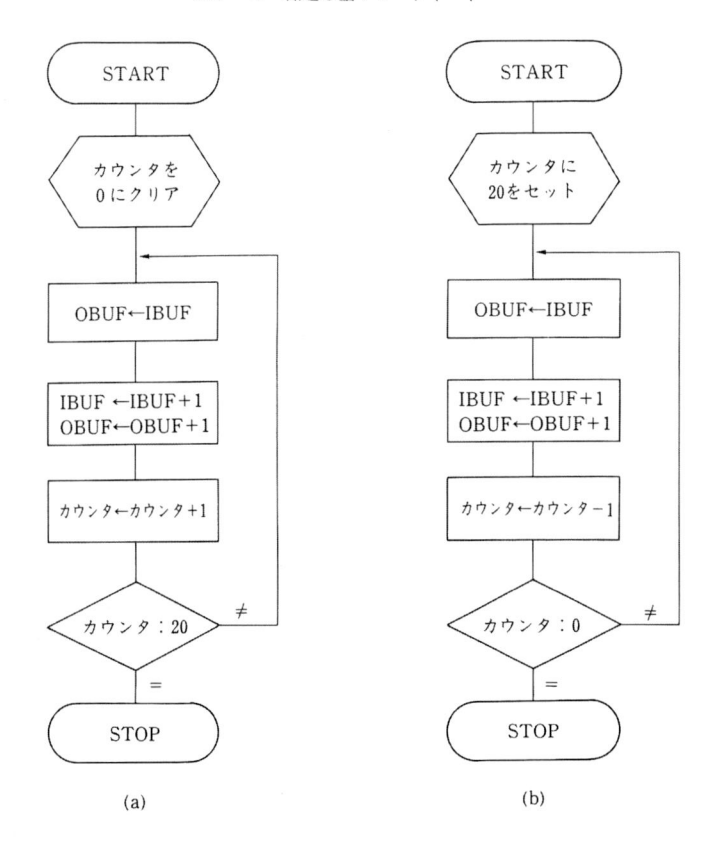

(a) / (b)

7・9 分岐条件の使い方（IBUF番地からOBUF番地へ20バイト転送する場合）

(a):
- START
- カウンタを0にクリア
- OBUF←IBUF
- IBUF←IBUF+1, OBUF←OBUF+1
- カウンタ←カウンタ+1
- カウンタ：20 （≠ならループ、＝ならSTOP）
- STOP

(b):
- START
- カウンタに20をセット
- OBUF←IBUF
- IBUF←IBUF+1, OBUF←OBUF+1
- カウンタ←カウンタ-1
- カウンタ：0 （≠ならループ、＝ならSTOP）
- STOP

令があり，またZフラグの存在を考えると，同図 (b) のほうが命令数も少なく，比較する数をセットする必要もないので一般的によく用いられる方法である．

7.4 Z80プログラムのアプローチ

7.4.1 ディティルフローチャートの書き方

ここでは7.3節で述べたフローチャートをどの程度細かく書くかということを，図7・9 (b) に示したフローチャートを例に取り，考えてみよう．

(a) ゼネラルフローチャート
IBUF番地からOBUF番地へ20バイトのデータを転送する

(b) Z80の命令の性質を考えたディテール・フローチャート

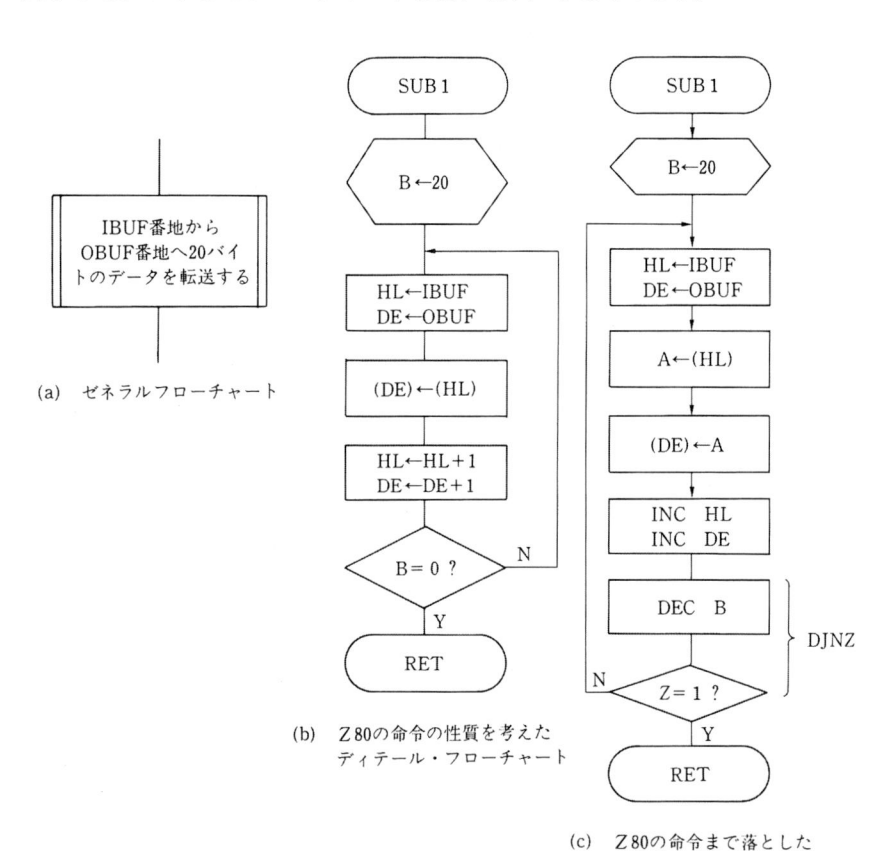

SUB1
B←20
HL←IBUF
DE←OBUF
(DE)←(HL)
HL←HL+1
DE←DE+1
B=0 ?
Y → RET
N ↑

(c) Z80の命令まで落としたフローチャート

SUB1
B←20
HL←IBUF
DE←OBUF
A←(HL)
(DE)←A
INC HL
INC DE
DEC B
Z=1 ? ┐
N ↑   ├ DJNZ
Y → RET ┘

図7・10 ディテールフローチャート

7.4 Z80プログラムのアプローチ　*173*

いまこれを一つのサブルーチンと考え，START を SUB 1，STOP を RET と変更しておく．またこれをゼネラルフローチャートで示すと，図 7・10 (a) のようになる．つまりこのゼネラルフローをプログラムフローで書くと，図 7・9 (b) のようになることを意味する．さらにこれを Z80 の命令の性質を考えて書き換えると，図 7・10 (b) のようになる．また同図 (c) は，Z80 アセンブリ言語のレベルまで記述したもので，ここまでくるとフローチャートの意味がなく，直接命令を書いたほうがてっとり早い．

以上のことからディティルフローチャートはせめて図 7・9 (b) か，図 7・10 (b) のフローチャート程度にしておいたほうがわかりやすい．

7.4.2 条件分岐の考え方

図 7・11 に示すように A レジスタと B レジスタの数値を比較し，その結果により P_1，P_2，P_3 の処理がある場合を考える．いま

　　　　CP　B

を実行した場合，A と B の内容に応じてフラグ C_Y，Z は表 7・3 のようになる．

表 7・3

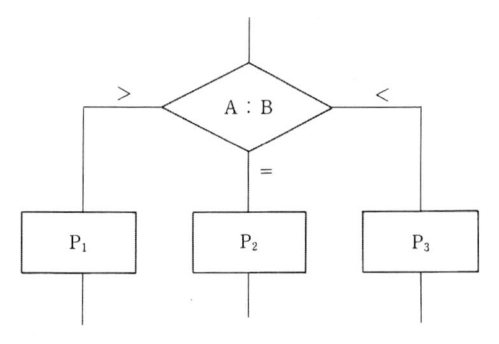

条件＼フラグ	C_Y	Z
A = B	0	1
A ≠ B	*	0
A < B	1	0
A > B	0	0

* 不明

図 7・11　条件分岐

これを用いてさまざまな分岐条件を作ればよい．

たとえば図 7・11 の場合は，図 7・12 のように変更すればよい．このときプログラムは図 7・13 のようになる．

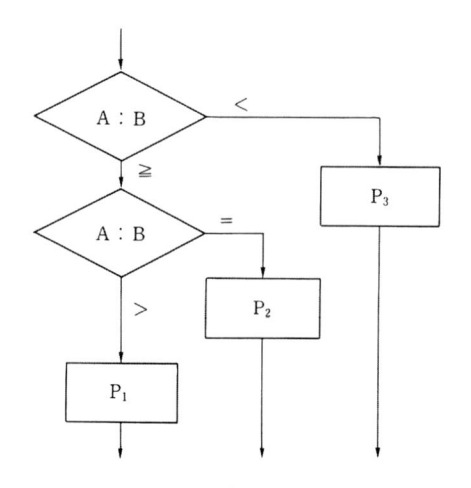

図7・12 条件分岐の具体的方法

```
        CP   B
        JP   C, P 3
        JP   Z, P 2
P 1 :

        次のステップ（またはJP命令）
P 2 :

        JP   NEXT 2
P 3 :

        JP   NEXT 3
```

図7・13

7.4.3 プログラムのレイアウトとコーディング

フローチャートができあがるとコーディングに移ることになるが，この前にぜひ次のことを守ってもらいたい．これはプログラムをメモリにロードしたときのレイアウトすなわちメモリマッピングを考えてコーディングする．メモリマッピングは一般的に図7・14のように配置する．

まず主プログラムを置き，続いてサブルーチン群さらにここで使用する定数お

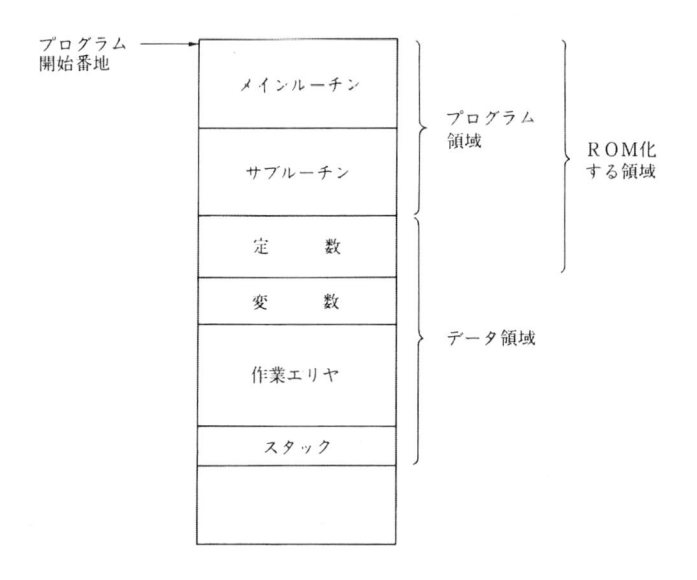

```
        プログラム     ┌─────────┐  ┐
        開始番地  ───→│ メインルーチン │  │ プログラム
                 ├─────────┤  │ 領域    ┐
                 │ サブルーチン  │  │        │
                 ├─────────┤  ┘        │ ROM化
                 │  定   数  │  ┐        │ する領域
                 ├─────────┤  │        │
                 │  変   数  │  │        ┘
                 ├─────────┤  │ データ領域
                 │  作業エリヤ  │  │
                 ├─────────┤  │
                 │  スタック   │  │
                 ├─────────┤  ┘
                 │         │
                 └─────────┘
```

図7・14 メモリマッピング

よび変数の領域を確保し，この後に作業エリヤを展開する．

このときエラーの原因ともなるので，擬似命令によるデータの設定などは決して主プログラムや副プログラムの中に置かず，主プログラムの前かこのプログラム全体の最後に一まとめに設定する．一般には最後に置かれることが多いようである（図7・15）．

メモリマップドI/Oの場合は，I/Oのアドレス群を最後の方にまとめて置き，作業エリヤとして使用しないよう明示しておく．

7.5 プログラムの基本形

7.5.1 順処理型プログラムの例

分岐命令を用いていないプログラムを順処理型プログラムという．命令の書かれている順番に実行されるプログラムである．この型は，プログラムの基本形であり最も多く利用されている．利点は，プログラムの実行命令数が最小となり最

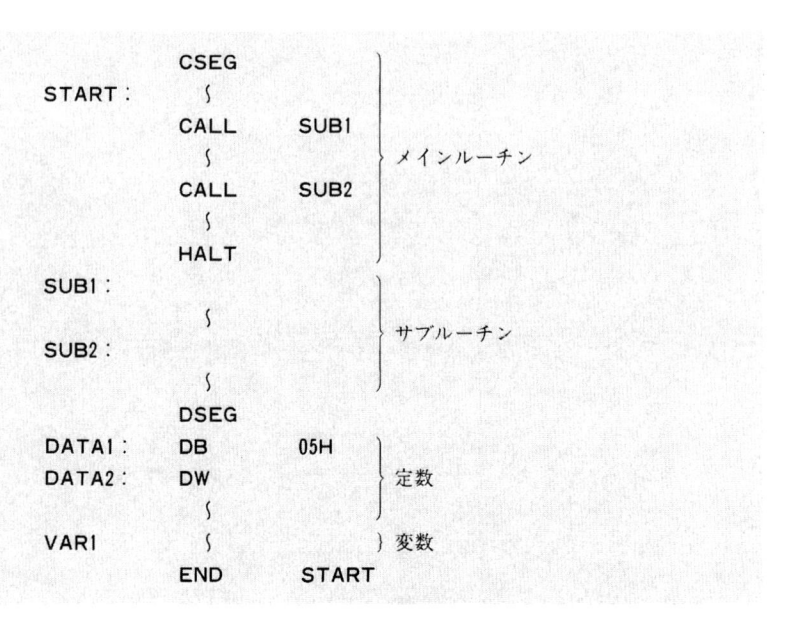

```
                CSEG
START:          〜
                CALL    SUB1
                〜                  } メインルーチン
                CALL    SUB2
                〜
                HALT
SUB1:
                〜                  } サブルーチン
SUB2:
                〜
                DSEG
DATA1:          DB      05H
DATA2:          DW                  } 定数
                〜
VAR1            〜                  } 変数
                END     START
```

図7・15 プログラムの構成例

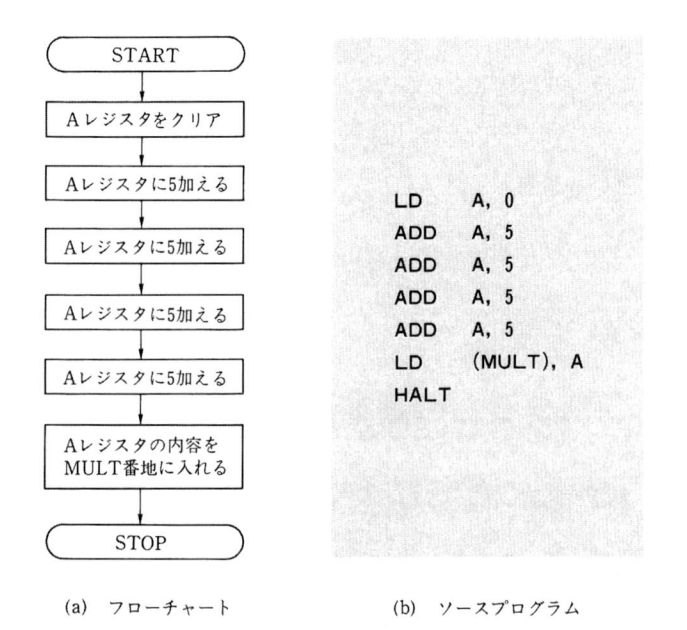

```
LD      A, 0
ADD     A, 5
ADD     A, 5
ADD     A, 5
ADD     A, 5
LD      (MULT), A
HALT
```

(a) フローチャート　　(b) ソースプログラム

図7・16

小の時間で実行できることである．欠点は，プログラムの命令数（行数）が多くなるので，プログラムを入れるメモリエリヤが多くなることである．

図7・16に5×4の乗算をし，その結果をMULT番地に入れる順次型プログラムを示す．

問題1 メモリの3000H番地から3005H番地の間の番地に，00Hを格納するプログラムを順次型プログラムで書け．

【解答】

```
LD    A, 0
LD    (3000 H), A
LD    (3001 H), A
LD    (3002 H), A
LD    (3003 H), A
LD    (3004 H), A
LD    (3005 H), A
HALT
```

図7・17

7.5.2 繰返し型プログラムの例

順次型プログラムの欠点であるプログラムの命令数が長くなるところを改良するには，プログラム中で同じ命令がいくつも順番に並んでいる部分をカウンタを用いてループ化することが必要である．ただし順次型プログラムの長所である高速性は少し悪くなる．

このような改良をしたプログラムを繰返し型プログラムという．

図7・18に5×4の乗算をし，その結果をMULT番地に入れる繰返し型プログラムを示す．

```
            LD    A, 00H
            LD    B, 4
    LOOP:   ADD   A, 5      ┐
            DEC   B         │ 4回この部分を
            JP    NZ, LOOP  ┘ 繰り返す
            LD    (MULT), A
            HALT
            END
```

(a) ソースプログラム   (b) フローチャート

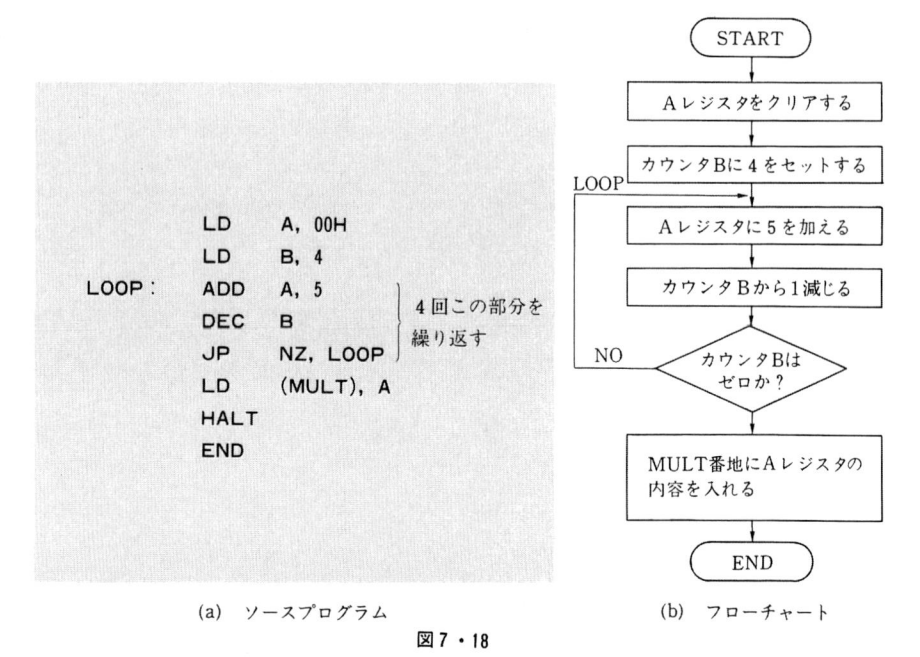

図7・18

問題 2　$1+2+3+\cdots+10$ を計算し，その結果を SUM 番地に格納するプログラムを作れ．

【解答】

```
            ORG   100H
            LD    B, 10
            SUB   A
    LOOP:   ADD   A, B
            DEC   B
            JR    NZ, LOOP
            LD    (SUM), A
            HALT
            END
```

(a) プログラム　**図7・19**　(b) フローチャート

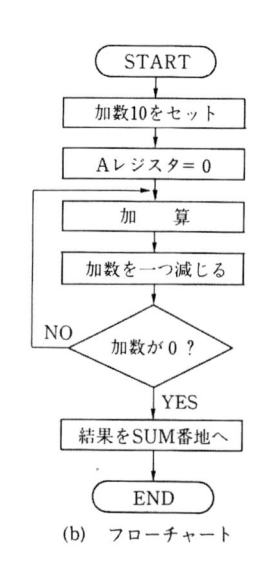

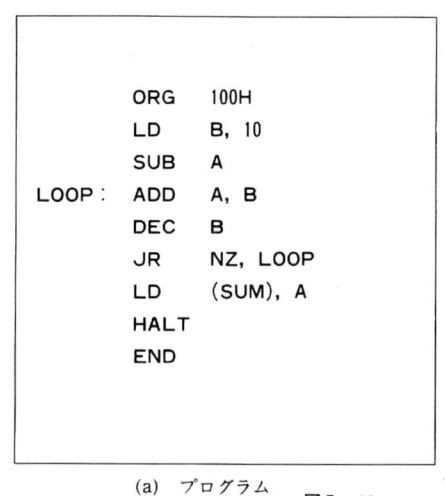

7.5 プログラムの基本形

問題 3　メモリの 3000 H 番地から 30 FFH 番地の間の番地に 88 H を入れるプログラムを作れ．

【解答】

```
            ORG     100 H
            LD      HL, 3000 H
            LD      B, 00 H
    LOOP :  LD      (HL), 88 H
            INC     HL
            DEC     B
            JR      NZ, LOOP
            HALT
            ORG     3000 H
            DEFS    256
            END
```

図 7・20

問題 4　メモリの 4010 H 番地から 405 FH 番地の間の内容を 5 AH とするプログラムを作れ．

【解答】

```
            ORG
            LD      HL, 4010 H
            LD      B, 50 H
            LD      C, 5 AH
    LOOP :  LD      (HL), C
            INC     HL
            DEC     B
            JP      NZ, LOOP
            HALT
            ORG     4010 H
            DEFS    50 H
            END
```

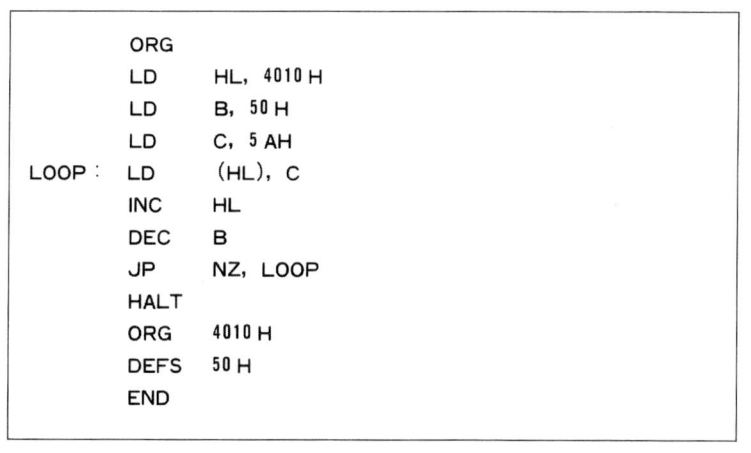

図 7・21

問題 5　メモリの 2000 H 番地から 2150 H 番地の間の内容を 00 H とするプログラムを作れ．

【解答】

```
            ORG    100 H
            LD     HL, 2000 H
            LD     BC, 251 H        ; 150Hでなく
  LOOP :    LD     (HL), 00 H         251Hである所に注意.
            INC    HL
            DEC    C
            JP     NZ, PASS
            DEC    B
  PASS :    JP     NZ, LOOP
            HALT
            ORG    2000 H
            DEFS   151 H
            END
```

図 7・22

7.5.3 分岐型プログラムの例

レジスタの状態を調べてその値によって，それ以降の処理が二つ以上に分かれるプログラムを分岐型プログラムという．

図 7・23 に分岐型プログラムのフローチャートを示す．

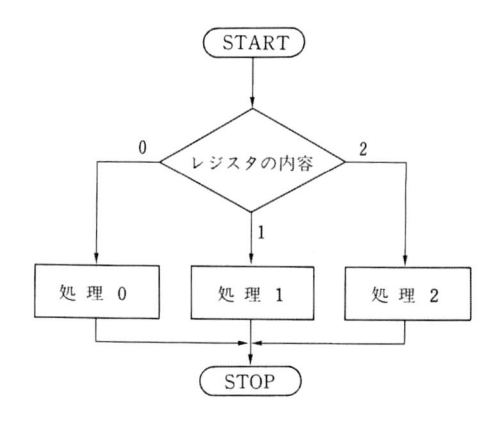

図 7・23　分岐型プログラムのフローチャート

例　C レジスタの内容が 0 のとき A レジスタに 2，1 のとき A レジスタに 4，2 以上のとき A レジスタに 8 を入れる分岐型プログラムを作成すると，次のようになる．

7.5 プログラムの基本形

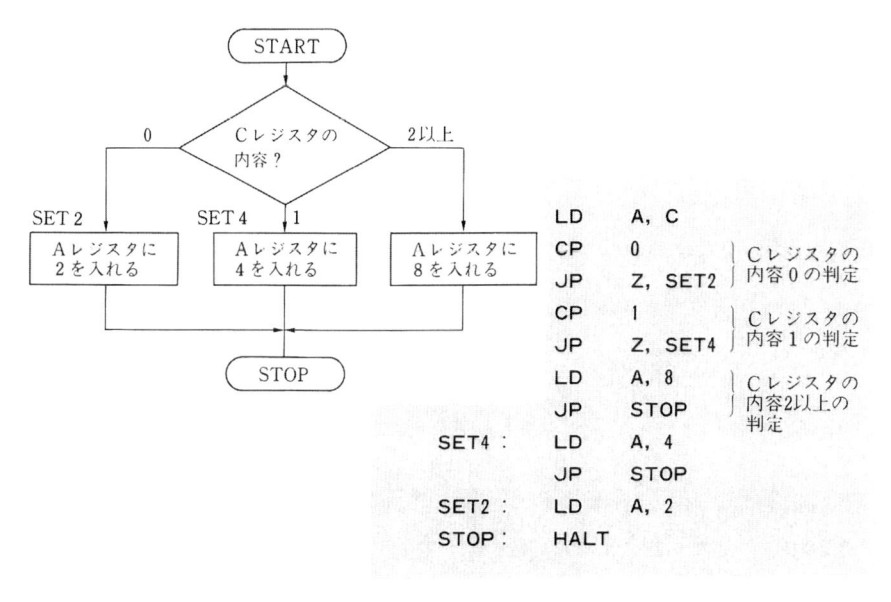

```
                        LD    A, C
                        CP    0          ┐ Cレジスタの
                        JP    Z, SET2    ┘ 内容0の判定
                        CP    1          ┐ Cレジスタの
                        JP    Z, SET4    ┘ 内容1の判定
                        LD    A, 8       ┐ Cレジスタの
                        JP    STOP       │ 内容2以上の
                                         ┘ 判定
                 SET4 :  LD    A, 4
                        JP    STOP
                 SET2 :  LD    A, 2
                 STOP :  HALT
```

フローチャート：
- START
- Cレジスタの内容？
  - 0 → SET 2：Aレジスタに2を入れる
  - 1 → SET 4：Aレジスタに4を入れる
  - 2以上 → Aレジスタに8を入れる
- STOP

図7・24

問題6 DレジスタとEレジスタの内容を比較して，D＞Eのとき，Cレジスタを0，D＝EのときCレジスタを1，D＜EのときCレジスタを2とするプログラムを作れ．

【解答】

```
            ORG    100 H
            LD     C, 0
            LD     A, D
            CP     E
            JP     Z, EQUAL
            JP     C, SMALL
            JP     LARGE
  SMALL :   INC    C
  EQUAL :   INC    C
  LARGE :   HALT
            END
```

図7・25

7.6 サブルーチン型プログラム

プログラムの流れをルーチンといい，主となる流れをメインルーチン，従となる流れをサブルーチンという．メインルーチンのプログラムをメインプログラム，サブルーチンのプログラムをサブルーチンプログラムという．

メインプログラム中で何度も同一のプログラムが繰り返されるときには，その部分のプログラムを一つのプログラム単位としてメインプログラム外に作る．このプログラム単位をサブルーチンプログラムという．

図7・26に同一のプログラムを含むメインルーチンと同一のプログラムをサブルーチン化したプログラムを示す．

図7・26の同一のプログラムAを含むメインルーチンは，命令1→プログラムA→命令3→プログラムA→命令5の順に実行される．この同一のプログラムAをサブルーチン化したプログラムの実行の流れは，サブルーチンに実行を移す命令（CALL命令）とサブルーチンからメインルーチンに戻る命令（リターン命令）をプログラムAの実行前後に挿入した流れとなる．

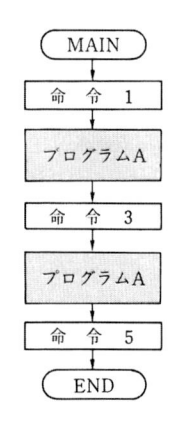

(a) 同一のプログラムAを含むメインプログラム

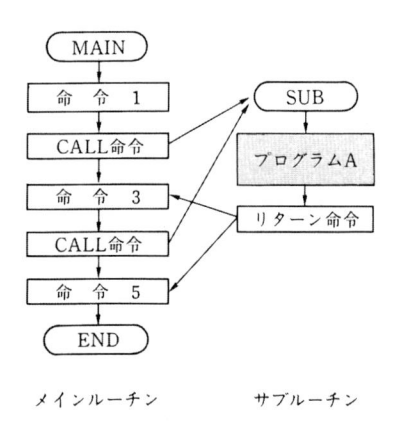

(b) サブルーチン化プログラム

図7・26

7.6 サブルーチン型プログラム　*183*

サブルーチン化の利点は，次の三つである．
① プログラムを記憶するメモリエリヤが小さくなる
② プログラムのブロック化ができ，デバッグをサブルーチン単位でできる
③ プログラムの共有ができる

7.6.1 サブルーチンプログラムの基本形

サブルーチンプログラムの基本形は図7・27に示すように，サブルーチンの入口の指定，レジスタのセーブ，プログラム，レジスタの復帰，メインルーチンへの復帰命令で構成される．

```
SUB     EQU    $        ；サブルーチンの入口の名称
        PUSH   AF       ；レジスタのセーブ
                        } サブルーチンのプログラム
        POP    AF       ；レジスタの復帰
        RET             ；メインルーチンへの復帰
```

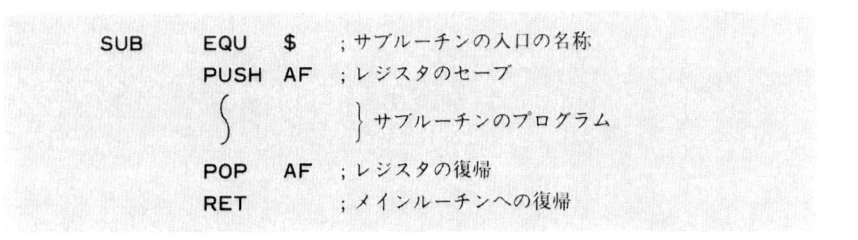

図7・27　サブルーチンプログラムの基本形

|例| 図7・28 (a) のプログラムをサブルーチンプログラムに変換する場合．

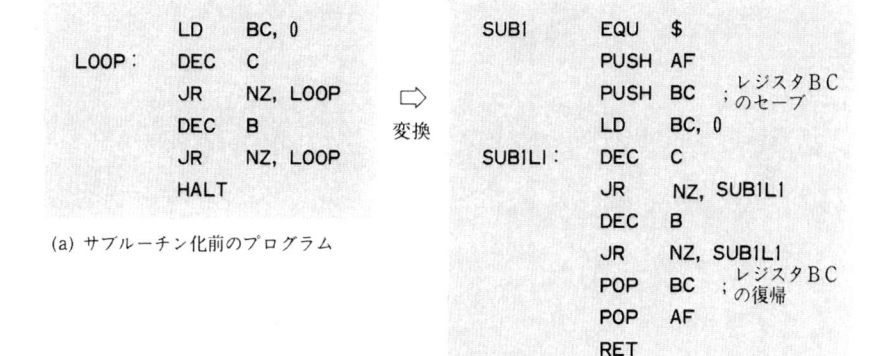

```
        LD     BC, 0                 SUB1    EQU    $
LOOP:   DEC    C                             PUSH   AF
        JR     NZ, LOOP                      PUSH   BC      ；レジスタBC
        DEC    B               変換           LD     BC, 0   ；のセーブ
        JR     NZ, LOOP              SUB1L1: DEC    C
        HALT                                 JR     NZ, SUB1L1
                                             DEC    B
(a) サブルーチン化前のプログラム              JR     NZ, SUB1L1
                                             POP    BC      ；レジスタBC
                                             POP    AF      ；の復帰
                                             RET

                                      (b) サブルーチンプログラム
```

図7・28　サブルーチンプログラムへの変換

メインルーチンとサブルーチンのデータの橋渡しの役目をするレジスタ以外でサブルーチンプログラム内のみで使用されるレジスタは、サブルーチン内でPUSH命令によってセーブし、サブルーチン実行前後で変化がないようにしておく必要がある。このプログラムの例では、BレジスタとCレジスタが該当する。フラグの状態が入っているフラグレジスタFもセーブする必要がある。セーブしたレジスタはRET命令実行前に必ずPOP命令で復帰させる必要がある。

7.6.2 多重サブルーチン

あるサブルーチンの内で別のサブルーチンをコールするサブルーチンがある。これを多重サブルーチンプログラムという。これの概念を図7・29に示す。

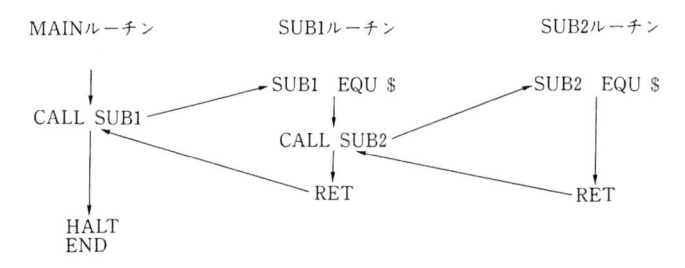

```
MAINルーチン        SUB1ルーチン         SUB2ルーチン
    |           →SUB1  EQU  $      →SUB2  EQU  $
    ↓              ↓                    ↓
CALL SUB1─────→                         
    ↑           CALL SUB2─────→          
    |              ↑                    ↓
    ↓              ←──────RET          RET
  HALT
  END
```

図7・29 多重サブルーチンプログラム

7.7 プログラム演習

具体的なプログラムを作成して、第1章から第7章のまとめとする。この演習を独力で作ることができるようになるまで繰り返し練習してほしい。

7.7.1 加算プログラム演習

メモリのDATA番地以降100バイトのデータを加算し、その結果をSUMとSUM+1番地にストアするプログラムを作れ。ただしSUM+1番地を上位桁とする。

7.7 プログラム演習 185

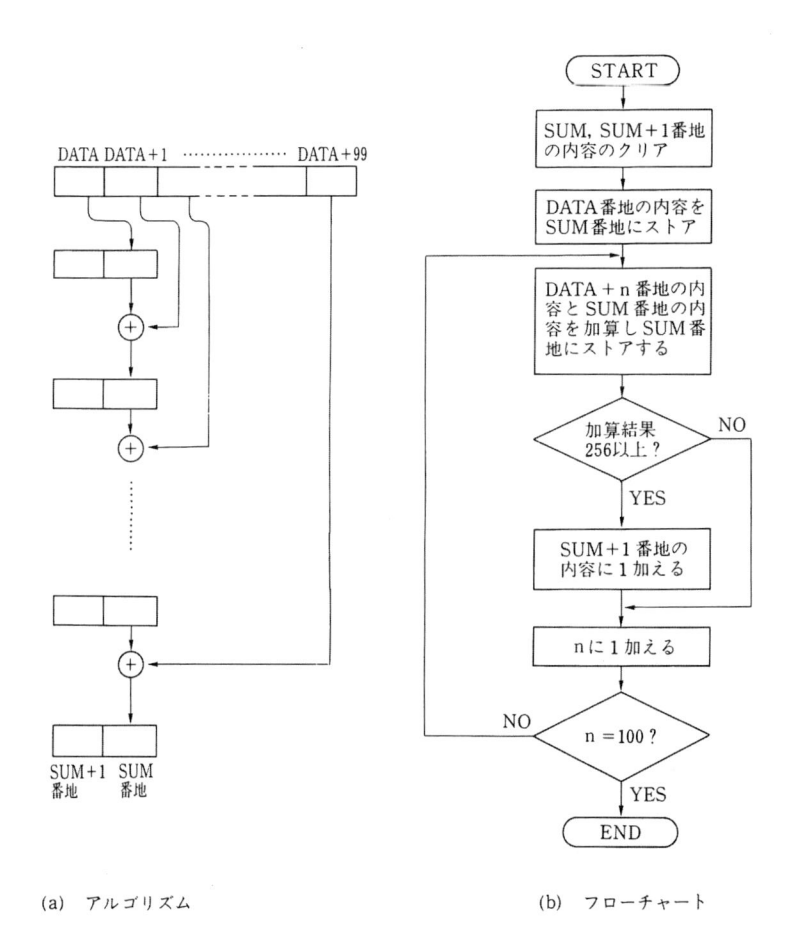

(a) アルゴリズム

(b) フローチャート

図 7・30

```
                        ;**********100 BYTE ADDITION PROG.*******
                        ;
0000'                           ASEG
                                ORG     100H
0100    AF                      XOR     A               ;A=0
0101    32 0200                 LD      (SUM),A
0104    32 0201                 LD      (SUM+1),A
0107    21 0210                 LD      HL,DATA         ;DATA ADDRESS

010A    06 64                   LD      B,100           ;BYTE NUMBER SET
010C    AF              LOOP:   XOR     A               ;FLAG C=0,A=0
010D    3A 0200                 LD      A,(SUM)
0110    86                      ADD     A,(HL)          ;A<-A+(DATA+ )
```

図 7・31

```
0111   32 0200            LD    (SUM),A
0114   3A 0201            LD    A,(SUM+1)
0117   CE 00              ADC   A,0              ;A<-(SUM+1)+A+CY

0119   32 0201            LD    (SUM+1),A
011C   23                 INC   HL               ;DATA ADDRESS UP
011D   05                 DEC   B                ;BYTE NUMBER DWN

011E   20 EC              JR    NZ,LOOP
0120   FF                 RST   38H              ;ZSID STOP
                      ;
                      ;**** RESULT AREA
                      ;
                          ORG   200H
0200                  SUM:DEFS  2
                      ;
                      ;*** DATA AREA
                      ;
                          ORG   210H
0210                  DATA:DEFS 100
                          END
```

図7・31(つづき)

7.7.2 メモリ内容転送プログラム演習

メモリの 3000 H 番地以降 2000 H バイトのデータを 6000 H 番地以降に転送するプログラムを作れ.

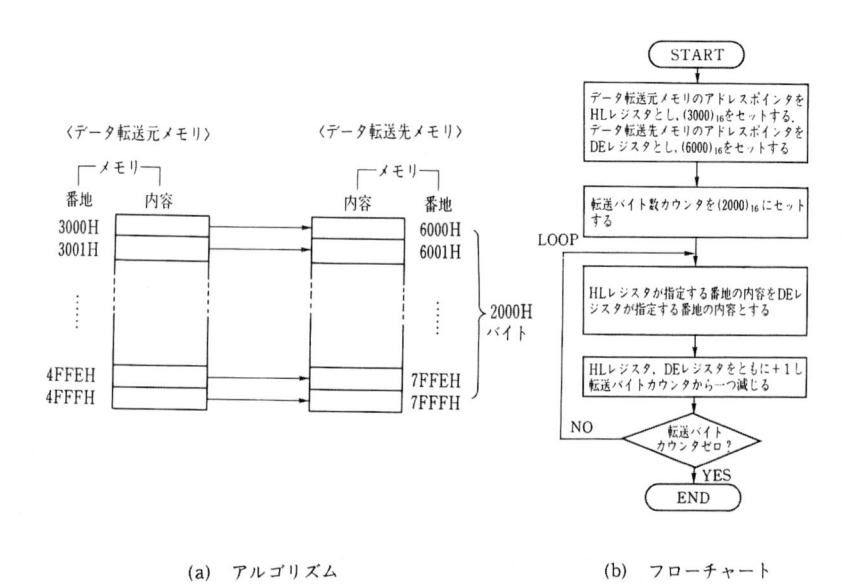

(a) アルゴリズム　　　　　　　　(b) フローチャート

図7・32

7.7 プログラム演習

```
;*******MEMORY 2000H DATA LOAD PROG *******
;
        ASEG
        ORG     100H
        LD      HL,SDATA
        LD      DE,DDATA
        LD      BC,2000H
LOOP    EQU     $
        LD      A,(HL)
        LD      (DE),A
        INC     HL
        INC     DE
        DEC     BC
        LD      A,B
        OR      C
        JR      NZ,LOOP
        RST     38H
;
;**** SORCE DATA AREA
;
        ORG     3000H
SDATA:  DEFS    2000H
;
;**** DISTINATION AREA
;
        ORG     6000H
DDATA:  DEFS    2000H

        END
```

図 7・33

7.8 ハンドアセンブルの演習

アセンブリ言語で書かれたソースプログラムを，手作業で機械語のプログラムであるオブジェクトプログラムに変換する作業を，ハンドアセンブルという．例として，図7・39 (a) のソースプログラムをハンドアセンブルする．

```
            ORG    100H              アドレス      内　容
            LD     A, (3000H)        (16進)       (16進)
LOOP :      DEC    A                 0100         3A | 00 | 30
            JP     NZ, LOOP          0103         3D
            HALT                     0104         C2 | 03 | 01
            END                      0107         76
```

(a) ソースプログラム　　　　　　(b) オブジェクトプログラム

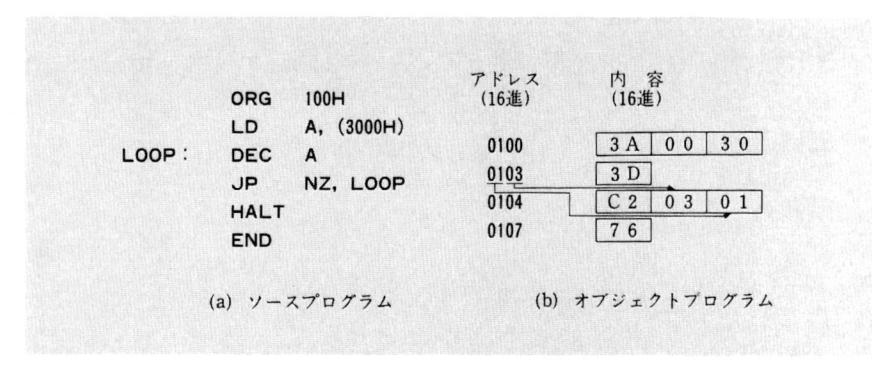

図7・39

このソースプログラムのそれぞれの命令を機械語に変換すると次のようになる．

　　　　　　　　　　　　　　　1バイト　　2バイト　　3バイト
- LD　A, (3000 H)……の機械語は　| 00111010 | 00000000 | 00110000 |
- DEC　A　　　　……の機械語は　| 00111101 |
- JP　NZ, LOOP……の機械語は　| 11000010 | 00000011 | 00000001 |

　　　　　　LOOPの行の命令DEC　Aの機械語3DHが入っているメモリの番地は103H番地であるからLOOP＝0103H番地となる．

- HALT　　　　　……の機械語は | 01110110 |
- ORG　100 H　　……はアドレスを100 H番地からスタートせよという意味の擬似命令であるので機械語はない．
- END　　　　　　……はアセンブルを終了せよという擬似命令である．

問題 9 次のソースプログラムをハンドアセンブルせよ．

```
        ORG     6000H
        LD      HL, 5000H
LI:     LD      A, (HL)
        INC     HL
        CP      6
        JP      C, LI
        HALT
        END
```

図 7・40

【解答】

```
アドレス    内容
(16進)     (16進)
6000      21  00  50
6003      7E
6004      23
6005      FE  06
6007      DA  03  60
600A      76
```

図 7・41

問題 10 次は擬似命令の DEFB と DEFS を含むソースプログラムであるこれをハンドアセンブルせよ．

```
        ORG     3000H
        LD      A, (DOG)
        LD      (CAT), A
        HALT
DOG:    DEFB    15H
CAT:    DEFS    1
        END
```

図 7・42 ソースプログラム

```
アドレス(16進)    内容(16進)
3000           | 3A | 07 | 30 |
3003           | 32 | 08 | 30 |
3006           | 76 |
3007           | 15 |
3008           |    |
```

図7・43 オブジェクトプログラム

このアセンブルのポイントは，DOG番地とCAT番地の絶対番地を求めることである．これを求めると，上から3バイト，3バイト，1バイト命令であるからDOG番地は3007H番地，CAT番地は3008H番地となる．また | LD A, (DOG) | の機械語は | 3A | 07 | 30 | のように3007が0730と逆になることに注意すること．

問題 11　次のプログラムをハンドアセンブルせよ．

```
            ORG     4000H
            LD      HL, DATA
L2:         ADD     A, (HL)
            INC     L
            JP      NZ, L2
            LD      (DATA-1), A
            HALT
            DEFB    1
DATA:       DEFS    1000H
            END
```

図7・44 ソースプログラム

7.8 ハンドアセンブルの演習

```
アドレス(16進)    内容(16進)
4000           21  0D  40
4003           BE
4004           2C
4005           C2  03  40
4008           32  0C  40
400B           76
400C           □
400D           □
 〜              〜
500C           □
```

図 7・45 オブジェクトプログラム

このアセンブルのポイントは DATA 番地が 400DH 番地,DATA−1 番地が 400CH 番地となることである.

問題 12 下記は,相対ジャンプ(JR)命令を含むソースプログラムである.これをハンドアセンブルせよ.

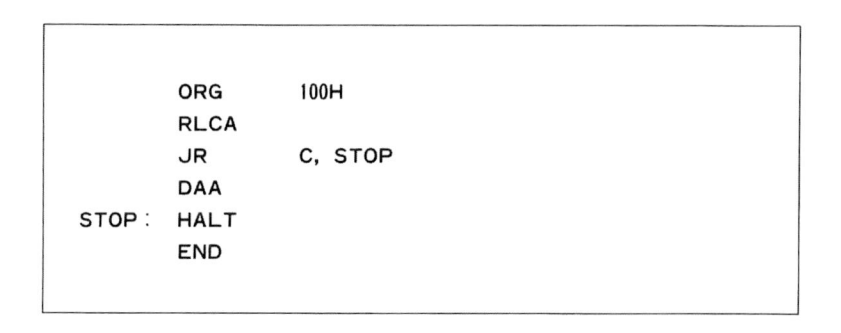

```
        ORG     100H
        RLCA
        JR      C, STOP
        DAA
STOP:   HALT
        END
```

図 7・46 ソースプログラム

【解答】

```
アドレス(16進)    内容(16進)
0100           07
0101           38  01
0103           27    ←ディスプレースメント
0104           76
```

図7・47　オブジェクトプログラム

この場合のアセンブルのポイントはSTOP=0104H番地，JR　C，STOP の機械語が入る番地は0101H番地より，JR命令のディスプレイメントが（0104−0101）−02＝01となることである．

問題13　次のソースプログラムをハンドアセンブルせよ．

```
        ORG    200H
LOOP:   CP     C
        JR     NC, STOP
        INC    A
        JR     NZ, LOOP
STOP:   HALT
        END
```

図7・48　ソースプログラム

【解答】

```
アドレス(16進)    内容(16進)
200            B9
201            30  03
203            3C
204            20  FA
205            76
```

図7・49　オブジェクトプログラム

このアセンブルのポイントは JR NZ, LOOP のディスプレイメントである．$(200-204)-2=-6$
-6 を2の補数で表すと $(11111010)_2 = (FA)_{16}$ となることである．

問題 14　サブルーチンを含むソースプログラムをハンドアセンブルせよ．

```
          ORG    100H
          CALL   SUB1
          HALT
SUB1:     PUSH   AF
          POP    AF
          RET
          END
```

図7・50　ソースプログラム

【解答】

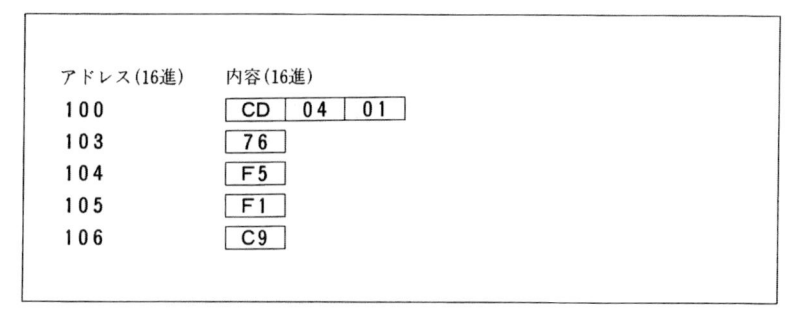

アドレス(16進)	内容(16進)
100	CD 04 01
103	76
104	F5
105	F1
106	C9

図7・51　オブジェクトプログラム

このアセンブルのポイントは CALL SUB1 の SUB1 が 104 H 番地となることである．

第8章
プログラム開発手順

ここでは，Windowsパソコンによるソースプログラムの作成と，アセンブル作業，デバッグ作業の方法について述べ，これらを通してどのような手順と方法でプログラムを開発していくか考えることにする．

8.1 プログラム開発の方法とツール

Windowsのパソコンでアセンブリ言語のプログラム開発をする手順を示すと，図8・1のようになる．

アセンブリ言語のプログラム開発の基本作業には，ソースプログラム作成作業，アセンブル作業，リンク作業，デバッグ作業の4つがある．

ソースプログラム作成作業にはエディタ，アセンブル作業にはクロスアセンブラ，リンク作業にはリンカ，デバッグにはデバッガと言われるツールを使用して

表8・1 ツール（システムロード社製）

ツール名	ソフトウェア名	動作環境	コメント
エディタ	メモ帳	Windows	
クロスアセンブラ	SASM	MS-DOSプロンプト	リロケータブル型
	XA80	MS-DOSプロンプト	アブソリュート型
	XA80W	Windows	アブソリュート型
リンカ	SLINK	MS-DOSプロンプト	
デバッガ	ZVW5	Windows	Z-Vision
	ZVMV	MS-DOSプロンプト	Z-Vision-Mini

いる．エディタはテキスト形式で保存できればなんでもよいので，Windowsのメモ帳を使用することにする．

また，市販されているソフトウェアツールは数多くあるが，本書では表8・1のツールを使用した開発手順を説明する．

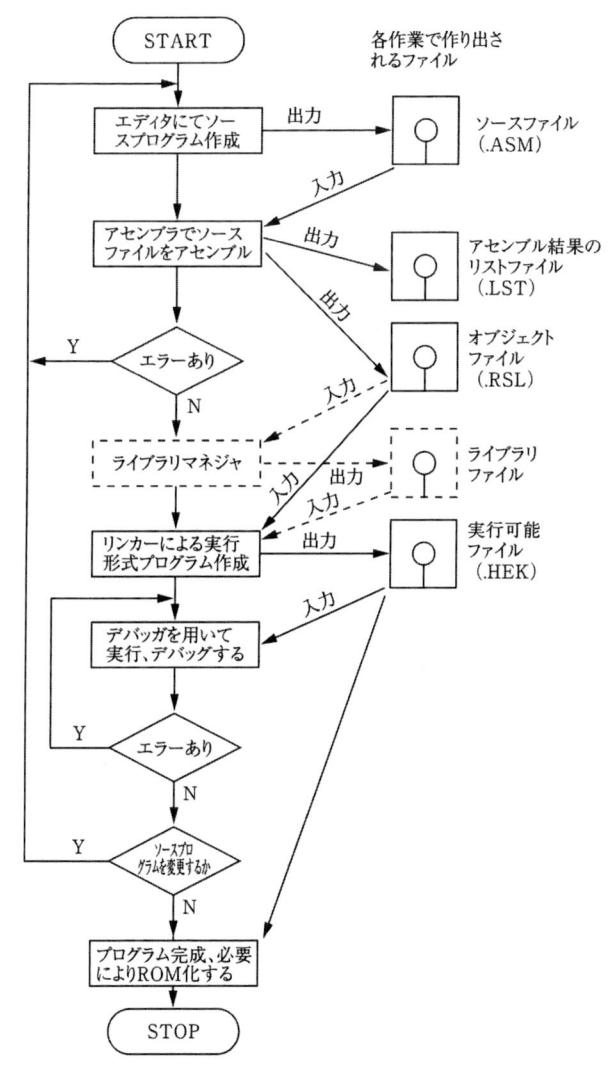

図8・1 アセンブリ言語のプログラム開発

1　エディタ　　キーボードよりプログラムを入力し，新たにソースプログラムを作成したり，すでにディスク上にあるソースプログラムの修正や編集を行うツールである．本書では，メモ帳を用いてソースプログラムファイル（.ASM）を作りその結果をディスク上に格納する．メモ帳（ファイル名NOTEPAD.EXE）は，Windowsのプログラムフォルダ内のアクセサリフォルダにある．

2　リロケータブル型クロスアセンブラ（SASM）　　ディスク上のソースプログラム（.ASM）をアセンブルしてリロケータブル中間オブジェクトプログラムに変換し，リロケータブルオブジェクトファイル（.RSL）を作成する．このプログラムは，機械語を格納する番地が確定していない相対番地形式（リロケータブル形式）のプログラムである．また，ソースプログラム内のアセンブリ言語を機械語に変換したアセンブルリストファイル（.LST）とシンボルファイル（.SYM）も作成される．このアセンブルリストで文法的エラーを見つけ修正する．SASMはMS-DOSプロンプト上でのみ動作する．

3　リンカ（SLINK）　　複数のリロケータブルオブジェクトファイル（.RSL）をリンク（結合）して，実行可能なオブジェクトプログラムをインテルヘキサ形式のファイル（.HEX）に作成する．機能別に分割した小さなプログラム（モジュールという）を個別に作成してアセンブルし，このリンカで結合することで大きなプログラムを作ることができる．このようなプログラム開発手法を構造化プログラミングという．SLINKはMS-DOSプロンプト上でのみ動作する

4　デバッガ（Z-Vision，ZVMV，ZVW5）　　プログラムの論理的エラーを見つけ出して修正していくことをデバッグ（DEBUG）という．このデバッグ操作を手助けするツールとしてデバッガがある．デバッガは，メモリやCPUの各種レジスタの参照，変更，プログラムの実行，トレース，ブレーク，実行時間計測，逆アセンブルなどの機能を持ち，デバッグ操作には不可欠なツールである．ZVMVはMS-DOSプロンプト上でのみ動作する簡易デバッガである．ZVW5はWindows上で動作するデバッガである．

5　アブソリュート型クロスアセンブラ（XA80，XA80W）　　ディスク上のソースプログラム（.ASM）をアセンブルして，リンカを介さないで直接実行可能なオブジェクトプログラムをインテルヘキサ形式のファイル（.HEX）に作成する．このプログラムは機械語を格納する番地が確定している絶対番地形式（アブソリ

ュード形式）のプログラムである．アセンブルリストファイル（.LST）とシンボルファイル（.SYM）も作成される．XA80はMS-DOSプロンプト上でのみ動作する簡易デバッガである．XA80WはWindows上で動作するデバッガである．

8.1.1 アブソリュートソースプログラムの開発手順

Windowsによるアセンブル手順を下記に示す．

1 手順1　　WindowsのCドライブ内にZ80のフォルダを作成する（図8・2）．
|スタート|，|プログラム(P)|，|エクスプローラ|，|新規作成(N)|，|フォルダ(F)|
の順にクリックする．フォルダ名Z80を入力すると，「Z80」のフォルダが作成される．

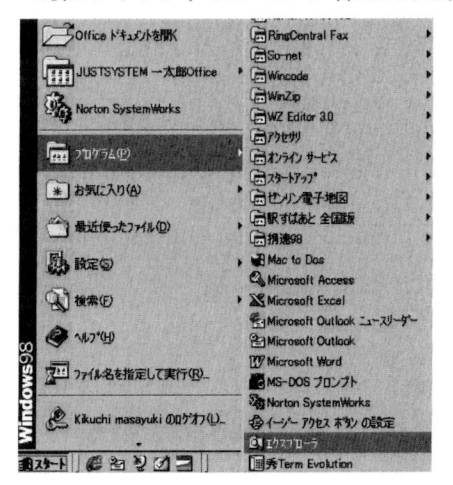

図8・2　Z80のフォルダ作成

2 手順2　　Z80フォルダ内に開発用プログラム（ツール）をコピーする．

表8・2　開発用プログラム

MS-DOS用	SASM.EXE, SLINK.EXE, SLIB.EXE, XA80.EXE, ZVMV.EXE
Windows用	XA80W.EXE, ZVW5.EXE

3 手順3　　Windowsのメモ帳でアブソリュートソースプログラムを作成する．テキストファイル形式で，ファイル名の拡張子は（.ASM）であること．例えば，ファイル名TESTA.ASMをZ80フォルダ内に保存する．

4 手順4　Windows版アブソリュートクロスアセンブラ（XA80W）でソースプログラムをアセンブルするとヘキサファイル（.HEX）が作成される．

5 手順5　Windows版のデバッガZ-VISION（ZVM5）でデバッグする．

8.1.2　リロケータブルなソースプログラムを開発する手順

WindowsのMS-DOSプロンプトでアセンブルする手順を示す．

1 手順1　Windowsによるアセンブル手順と同様．

2 手順2　Windowsによるアセンブル手順と同様．

3 手順3　Windowsのメモ帳でリロケータブルソースプログラムを作成する．テキストファイル形式でファイル名の拡張子は（.ASM）であること．例えば，ファイル名TESTR.ASMをZ80フォルダ内に保存する．

4 手順4　WindowsのMS-DOSプロンプトを起動して，カレントディレクトリをZ80にする（C:¥Z80＞）．

5 手順5　MS-DOS版クロスアセンブラSASMでソースプログラムをアセンブルすると，リロケータブルオブジェクトファイル（.RSL）が作成される．

6 手順6　MS-DOS版リンカSLINKでヘキサファイル（.HEX）を作成する．

7 手順7　MS-DOS版のZ-Vision-Mini（ZVMV）でデバッグする．

8.2　プログラム作成とデバッガによる実行例

ここでは，

① エディタ（メモ帳）によるソースプログラムファイル（.ASM）の作成．

② クロスアセンブラ（SASM）によるリロケータブルオブジェクトファイル（.RSL），アセンブルリストファイル（.LST），シンボルファイル（.SYM）の作成．

③ リンカ（SLINK）による実行可能オブジェクトファイルのインテルヘキサファイル（.HEX）への作成．

④ デバッガ（Z-Vision）によるデバッグ操作．

などの一連の操作を説明する．

エディタ（メモ帳）で作成されたソースプログラムのファイルは，図8・3のよ

うにファイル名と3文字のファイル形式を付けてディスクに格納される．

```
┌─┬─┬─┬┄┄┄┄┄┬─┐ . ┌─┬─┬─┐
└─┴─┴─┴┄┄┄┄┄┴─┘   └─┴─┴─┘
    ファイル名         ファイル形式
                        3文字
```

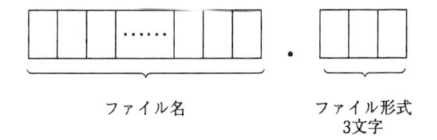

図8・3　ファイル名の付け方

このファイル形式の区別の一部を表8・3に示す．

表8・3　ファイル形式の例

ファイル形式	ファイル名の例	説明
.ASM	TEST.ASM	エディタで作られるソースプログラムファイル
.LST	TEST.LST	アセンブルの結果得られるアセンブルリスト
.RSL	TEST.RSL	アセンブルの結果得られるリロケータブルオブジェクトファイル
.HEX	TEST.HEX	リンクの結果得られるインテルヘキサファイル
.SYM	TEST.SYM	リンクの結果得られるシンボル情報ファイル
.MAP	TEST.MAP	リンクの結果得られるマップ情報ファイル
.LIN	TEST.LIN	リンクの結果得られるライン情報ファイル

8.2.1　プログラム開発の具体的手順

ファイル名がTESTR.ASMという1からNまでの数を加算するプログラムを作成する手順とデバッグ例を示す．ただし，開発ツールのプログラムファイル（SASM, SLINK, Z-Vision）がパソコンのCドライブのディレクトリZ80にインストール（配置）されているものとする．

1　**手順1　Windowsのメモ帳の起動**　図8・4のようにWindowsの スタート ， プログラム ， アクセサリ ， メモ帳 の順にクリックするとメモ帳が起動される．

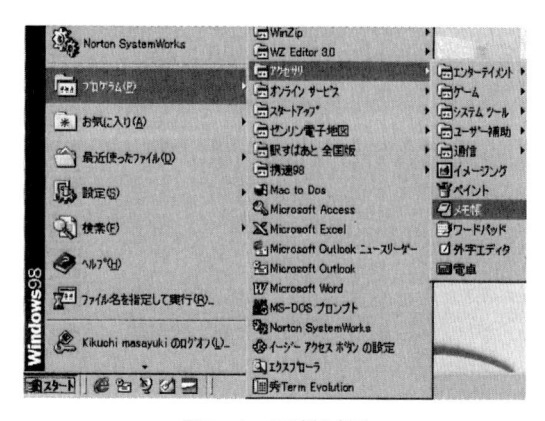

図8・4 メモ帳の起動

2 **手順2 プログラムの入力**　メモ帳で図8・5のようにリロケータブルソースプログラムを作成する.

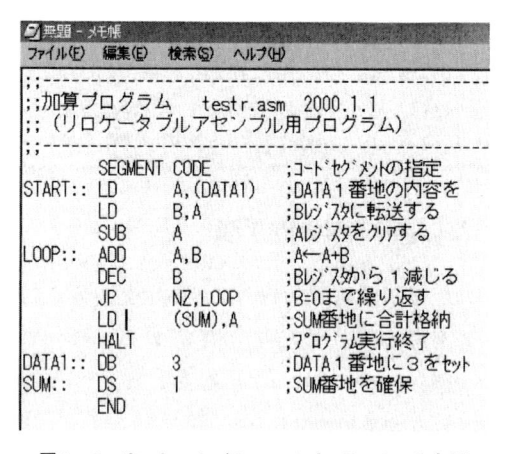

図8・5 リロケータブルソースプログラムの入力例

3 **手順3**　ファイル名をTESTR.ASMとしてZ80フォルダに保存する(図8・6).
4 **手順4 MS-DOSプロンプトの起動**　図8・7のようにWindowsの スタート , プログラム , MS-DOSプロンプト の順にクリックすると,図8・8の画面が表示され,MS-DOSが起動される.

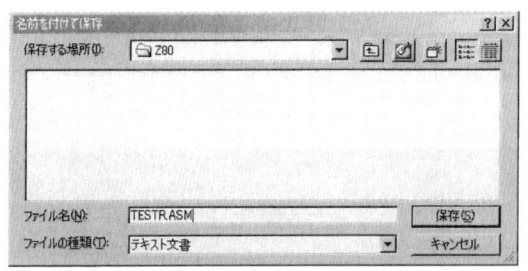

8.2 プログラム作成とデバッガによる実行例   201

図 8・6　ファイル名 TESTR.ASM で保存

図 8・7　MS-DOS プロンプトの起動

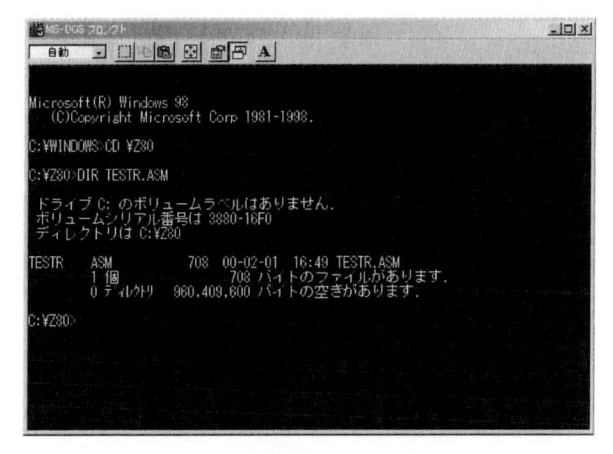

図 8・8　MS-DOS プロンプトの画面

5 手順5　ディレクトリの切り替え　　ディレクトリをZ80に切り替えるには，CD ¥Z80 と入力する．プロンプト画面は図8・9のように表示される．

```
C:¥Z80>DIR TESTR.ASM
ドライブ C: のボリュームラベルはありません．
ボリュームシリアル番号は 3880-16F0
ディレクトリは C:¥Z80

TESTR    ASM         708  00-02-01  16:49 TESTR.ASM
        1 個              708 バイトのファイルがあります．
        0 ディレクトリ 960,409,600 バイトの空きがあります．
```

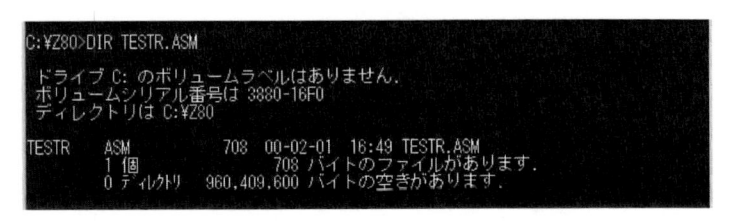

図8・9　ディレクトリの切り替え

6 手順6　ソースファイルTESTR.ASMがZ80フォルダ内に存在することを確認する．　DIR TESTR.ASM と入力するとTESTR.ASMがあることが確認できる（図8・9）．

7 手順7　アセンブルの実行　　SASM /N TESTR,TESTR,TESTR と入力するとアセンブラが起動し，図8・10のメッセージが表示される．これは，ソースプログラムTESTR.ASM がエラーなしで機械語プログラムに変換が完了したことを示す．

```
        SASM  /N  TESTR, TESTR, TESTR
              ↑    ↑      ↑      ↑
           オプション  │      │      └─ リスティングファイル（.LST）
                     │      └─────── リロケータブルファイル（.RSL）
                     └──────────── ソースプログラムファイル（.ASM）
```

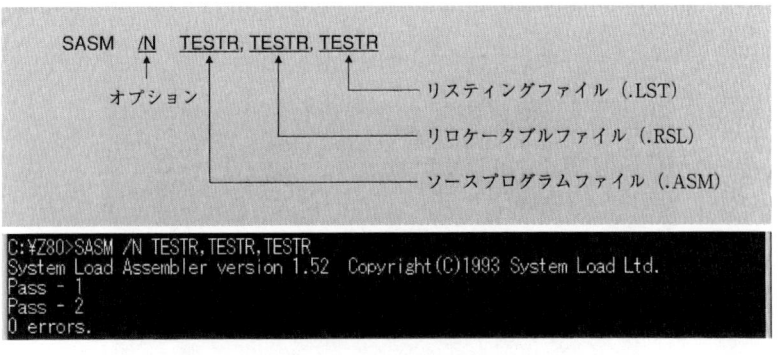

```
C:¥Z80>SASM /N TESTR,TESTR,TESTR
System Load Assembler version 1.52  Copyright(C)1993 System Load Ltd.
Pass - 1
Pass - 2
0 errors.
```

図8・10　アセンブルの実行

8 手順8　アセンブルで作成されたファイルを確認　　DIR TESTR.＊ と入力すると，図8・11のファイル名のリストが出力される．

8.2 プログラム作成とデバッガによる実行例

```
TESTR      LST      1275      00-02-01    17:07    TESTR.LST
ファイル名  ファイル型  機械語     作成年月日   作成時間  ファイル名
                    バイト数
```

```
TESTR   LST      1,275  00-02-01  17:07 TESTR.LST
TESTR   RSL        220  00-02-01  17:07 TESTR.RSL
TESTR   ASM        708  00-02-01  16:49 TESTR.ASM
     3 個             2,203 バイトのファイルがあります.
     0 ディレクトリ  950,210,560 バイトの空きがあります.
```

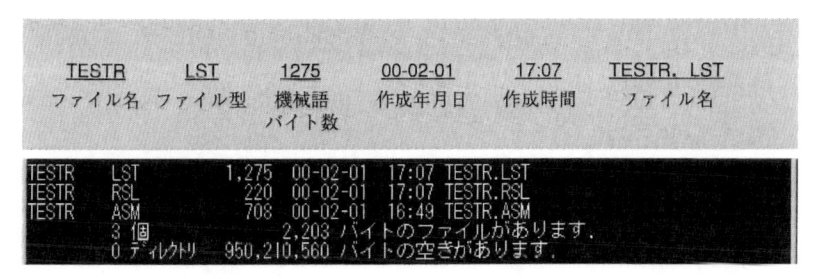

図 8・11　アセンブルされたファイルのリスト

9　手順9　リンクの実行　　SLINK /SCODE=0000 /Y/M/N TESTR,TESTR
と入力するとリンカが起動する．図8・12のメッセージが表示され，リンクが終了したことを示す．

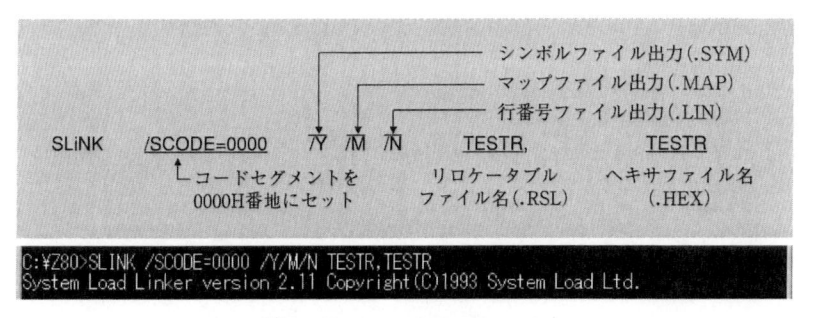

```
                              ┌─── シンボルファイル出力(.SYM)
                          ┌───┼─── マップファイル出力(.MAP)
                       ┌──┼───┼─── 行番号ファイル出力(.LIN)
  SLiNK   /SCODE=0000  /Y /M /N    TESTR,          TESTR
          └─コードセグメントを      リロケータブル    ヘキサファイル名
            0000H番地にセット        ファイル名(.RSL)   (.HEX)
```

```
C:¥Z80>SLINK /SCODE=0000 /Y/M/N TESTR,TESTR
System Load Linker version 2.11 Copyright(C)1993 System Load Ltd.
```

図 8・12　リンク完了メッセージ

10　手順10　リンクで作成されたファイルを確認　　DIR TESTR.* と入力すると，図8・13のリストが出力される．

```
C:\Z80>DIR TESTR.*

 ドライブ C: のボリュームラベルはありません.
 ボリュームシリアル番号は 3880-16F0
 ディレクトリは C:\Z80

TESTR    LST         1,275  00-02-01  17:07  TESTR.LST
TESTR    RSL           220  00-02-01  17:07  TESTR.RSL
TESTR    ASM           708  00-02-01  16:49  TESTR.ASM
TESTR    MAP           537  00-02-01  17:09  TESTR.MAP
TESTR    LIN           108  00-02-01  17:09  TESTR.LIN
TESTR    HEX            56  00-02-01  17:09  TESTR.HEX
TESTR    SYM            62  00-02-01  17:09  TESTR.SYM
         7 個               2,966 バイトのファイルがあります.
         0 ディレクトリ    949,293,056 バイトの空きがあります.
```

図8・13　リンク後に作成されたファイルリスト

11　**手順11　デバッグの実行**　　ZVMV　TESTR.HEX と入力すると，デバッガが起動する．TESTR.HEXファイルが取り込まれ，図8・14の表示によってデバッグが可能となる．デバッグ方法の具体的な方法はZ-Visionの詳細説明を参照すること．

```
ZVMV    TESTR.HEX
        ヘキサファイル名(.HEX)
```

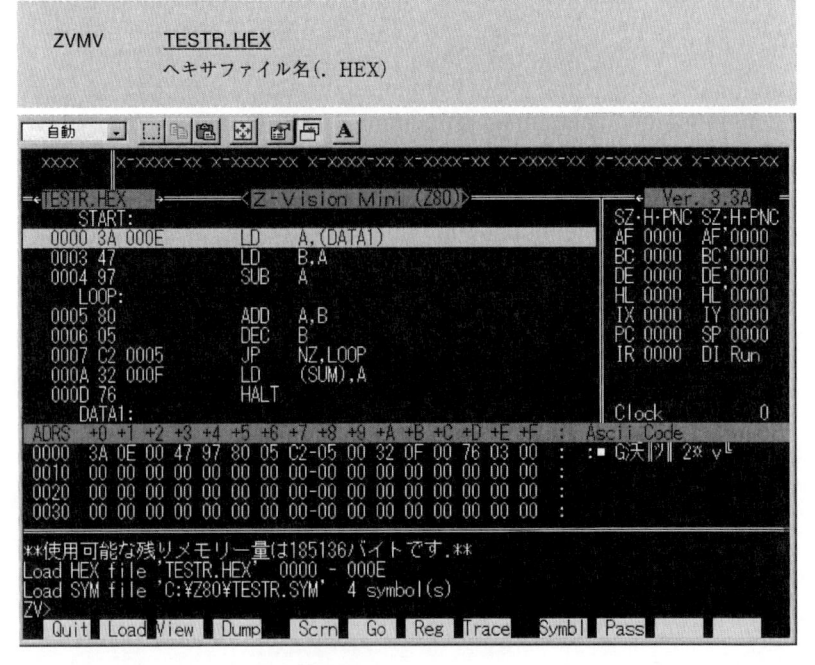

```
自動 ▼ [アイコン群] A
       xxxx  x-xxxx-xx x-xxxx-xx x-xxxx-xx x-xxxx-xx x-xxxx-xx x-xxxx-xx x-xxxx-xx
=◀TESTR.HEX▶=========Z-Vision Mini (Z80)==========◀ Ver. 3.3A
       START:                               SZ·H·PNC  SZ·H·PNC
 0000 3A 000E        LD    A,(DATA1)        AF 0000   AF'0000
 0003 47             LD    B,A              BC 0000   BC'0000
 0004 97             SUB   A                DE 0000   DE'0000
       LOOP:                                HL 0000   HL'0000
 0005 80             ADD   A,B              IX 0000   IY 0000
 0006 05             DEC   B                PC 0000   SP 0000
 0007 C2 0005        JP    NZ,LOOP          IR 0000   DI Run
 000A 32 000F        LD    (SUM),A
 000D 76             HALT                   Clock           0
       DATA1:
 ADRS  +0 +1 +2 +3 +4 +5 +6 +7 +8 +9 +A +B +C +D +E +F :  Ascii Code
 0000  3A 0E 00 47 97 80 05 C2 05 00 32 0F 00 76 03 00 : :■G大ツ‖ 2* v└
 0010  00 00 00 00 00 00 00 00 00 00 00 00 00 00 00 00 :
 0020  00 00 00 00 00 00 00 00 00 00 00 00 00 00 00 00 :
 0030  00 00 00 00 00 00 00 00 00 00 00 00 00 00 00 00 :
**使用可能な残りメモリ量は185136バイトです.**
Load HEX file 'TESTR.HEX'    0000 - 000E
Load SYM file 'C:\Z80\TESTR.SYM'    4 symbol(s)
ZV>
 Quit  Load View   Dump   Scrn   Go   Reg  Trace  Symbl  Pass
```

図8・14　Z-Visionの表示

8.2 プログラム作成とデバッガによる実行例

12 手順12　デバッガ上でのプログラムの実行　　G　0000　000D と入力すると，表示されているプログラムが高速実行されて，図8・15のようにレジスタ，メモリ等の実行結果が示される．メモリの000FH番地（SUM番地）に1+2+3の合計06（16進）が出力されていることがわかる．

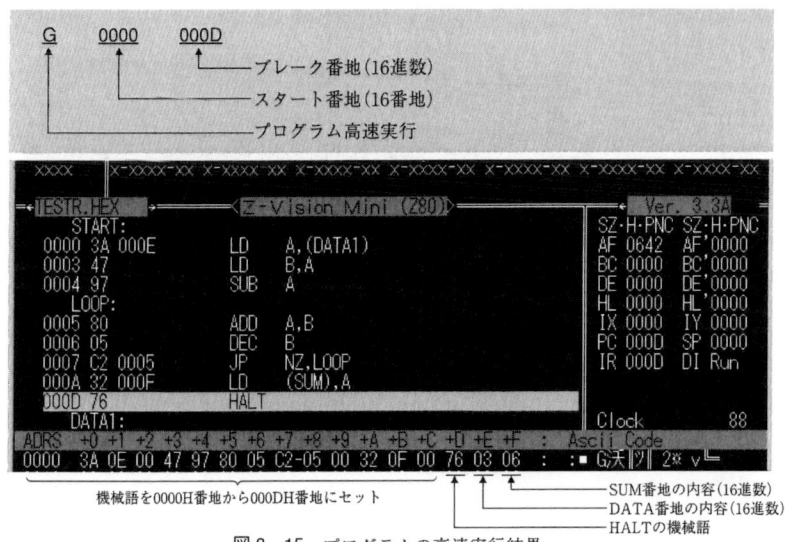

```
G    0000   000D
              └── ブレーク番地（16進数）
        └────── スタート番地（16番地）
└──────────── プログラム高速実行
```

図8・15　プログラムの高速実行結果

13 手順13　デバッグの終了　　Q を入力すると図8・16のように表示される．終了を選択すると，ZVMVを終了してMS-DOSプロンプトに戻る．

図8・16　デバッグの終了

14 手順14　各ファイルの内容のリストアップ

TYPE TESTR.LST と入力すると，図8・17のようにアセンブルリストが出力される．

```
TYPE    TESTR. LST
         ↑    └─ リストファイルの指定
         └─ 指定ファイルの内容を表示する
```

```
Page   1 (00-02-01 17:07:12) TESTR.asm
   1:                              ;;------------------------------------
  --
   2:                              ;;加算プログラム    testr.asm  2000.1.1
   3:                              ;; (リロケータブルアセンブル用プログラム)
   4:                              ;;------------------------------------
  --
   5: 0000'                                SEGMENT  CODE        ;コードセグメントの指定
   6: 0000' 3A 000E         START::        LD       A,(DATA1)   ;DATA 1 番地の内容を
   7: 0003' 47                             LD       B,A         ;Bレジスタに転送する
   8: 0004' 97                             SUB      A           ;Aレジスタをクリアする
   9: 0005' 80             LOOP::          ADD      A,B         ;A←A+B
  10: 0006' 05                             DEC      B           ;Bレジスタから１減じる
  11: 0007' C2 0005                        JP       NZ,LOOP     ;B=0まで繰り返す
  12: 000A' 32 000F                        LD       (SUM),A     ;SUM番地に合計格納
  13: 000D' 76                             HALT                 ;プログラム実行終了
  14: 000E' 03             DATA1::         DB       3           ;DATA 1 番地に 3 をセット

  15: 000F'                SUM::           DS       1           ;SUM番地を確保
  16:                                      END

0 errors.
```

ソース番号　　機械語
　　リロケータブル
　　アドレス

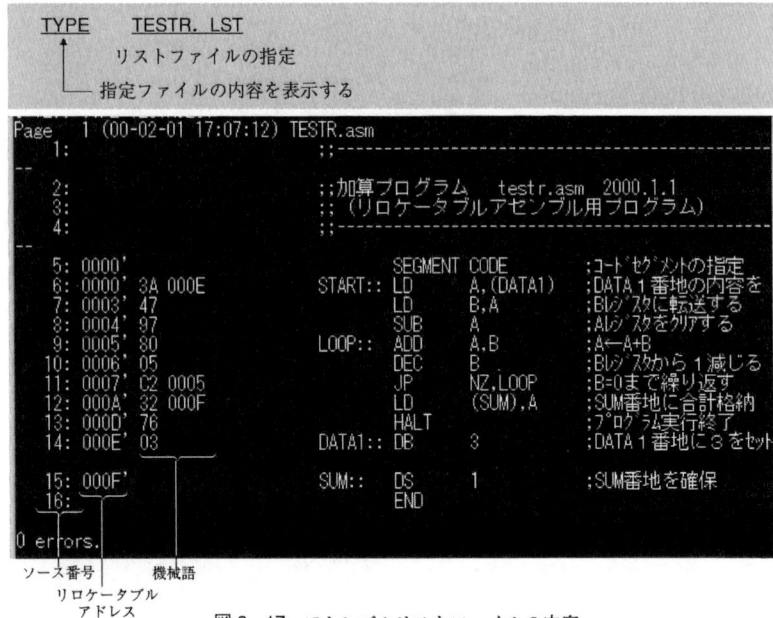

図 8・17　アセンブルリストファイルの内容

TYPE TESTR.ASM と入力すると，図 8・18 のようにソースプログラムリストが出力される．

```
C:¥Z80>TYPE TESTR.ASM
;;------------------------------------
;;加算プログラム    testr.asm  2000.1.1
;; (リロケータブルアセンブル用プログラム)
;;------------------------------------
         SEGMENT  CODE        ;コードセグメントの指定
START::  LD       A,(DATA1)   ;DATA 1 番地の内容を
         LD       B,A         ;Bレジスタに転送する
         SUB      A           ;Aレジスタをクリアする
LOOP::   ADD      A,B         ;A←A+B
         DEC      B           ;Bレジスタから１減じる
         JP       NZ,LOOP     ;B=0まで繰り返す
         LD       (SUM),A     ;SUM番地に合計格納
         HALT                 ;プログラム実行終了
DATA1::  DB       3           ;DATA 1 番地に 3 をセット
SUM::    DS       1           ;SUM番地を確保
         END
```

図 8・18　ソースファイルの内容

TYPE TESTR.SYM と入力すると，図 8・19 のようにシンボルリストが出力される．

```
C:¥Z80>TYPE TESTR.SYM
000E DATA1     0005 LOOP     0000 START     000F SUM
```

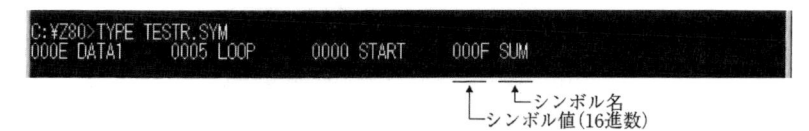

└─シンボル名
└─シンボル値(16進数)

図8・19 シンボルファイルの内容

TYPE TESTR.HEX と入力すると，図8・20のようにシンボルリストが出力される．

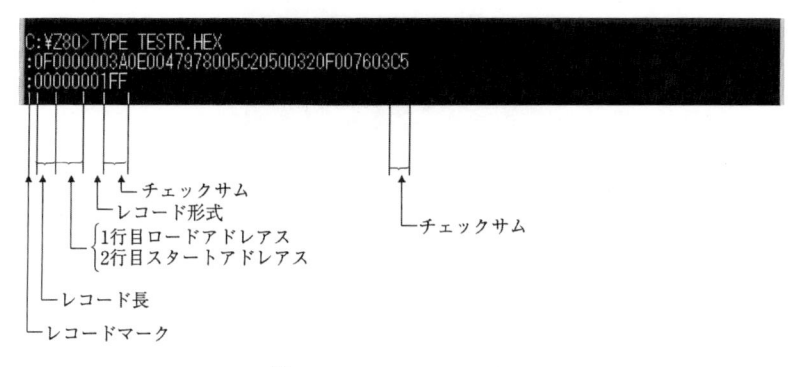

```
C:¥Z80>TYPE TESTR.HEX
:0F0000003A0E0047978005C20500320F007603C5
:00000001FF
```

└─チェックサム
└─レコード形式
└─{1行目ロードアドレス / 2行目スタートアドレス}
└─レコード長
└─レコードマーク

└─チェックサム

図8・20 HEXファイルの内容

TYPE TESTR.MAP と入力すると，図8・21のようにセグメントの情報ファイルが出力される．TYPE TESTR.LIN と入力すると，図8・22のように行番号ファイルが出力される．

```
[ Segment Map ]
Address Size SegmentName
-----------------------
00000000 0010 CODE
[ Location Map ]
Addr Size Filename     SegmentName
-----------------------
0000 000F TESTR.rsl    CODE
[ Public Symbol Map ]
Name   Addr Filename
-----------------------
DATA1  000E TESTR.rsl
LOOP   0005 TESTR.rsl
START  0000 TESTR.rsl
SUM    000F TESTR.rsl
```

セグメント先頭アドレス(16進数)
リロケータブルセグメント名
セグメントサイズ(16進数)

図8・21 マップファイルの内容

```
C:\Z80>TYPE TESTR.LIN
*TESTR.asm
00006 0000
00007 0003
00008 0004
00009 0005
00010 0006
00011 0007
00012 000A
00013 000D
```

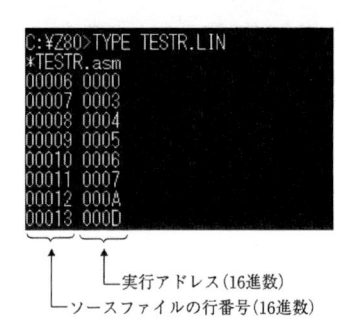

実行アドレス(16進数)
ソースファイルの行番号(16進数)

図8・22 行番号ファイルの内容

8.2.2 MS-DOS版アブソリュートアセンブラXA80によるアセンブル例

エディタのメモ帳で図8・16のTESTR.ASMプログラムの**SEGMENT　CODE**を**ORG　0000H**に変更してTESTA.ASMファイルを作成し，XA80でアセンブルすると，アブソリュートオブジェクトファイル（.HEX），シンボルファイル（.SYM），アセンブルリストファイル（.LST）が自動的に生成される．これは**8.2.1**のアセンブル手順とリンク手順を1回で実行できる手順である．

入力と実行結果を図8・23と図8・24に，またこのアセンブルリストを図8・25に示す．

MS-DOSプロンプトを起動し，ディレクトリをZ80に切り替えて XA80 を入力すると，図8・23の4行目までが表示される． TESTA と入力してリターンキーを押し，さらにリターンキーを3回押すと，アセンブルが完了して図8・23の表示となる． DIR TESTA.* と入力すると，XA80アセンブラで作成されるファイル情報が図8・24のように表示される．

```
C:\Z80>XA80
Z-80/64180 Absolute Cross-Assembler (MS-DOS) Version 2.01
Copyright (C) System Load CO.,LTD. 1989-1991 All rights reserved.

Souce File[.ASM]   : TESTA
Object File[.HEX]  :
Symbol File[.SYM]  :
Listing File[.LST] :
Pass1....
Pass2....
No Errors
```

図8・23　XA80の使用法

```
C:\Z80>DIR TESTA.*
 ドライブ C: のボリュームラベルはありません．
 ボリュームシリアル番号は 3880-16F0
 ディレクトリは C:\Z80

TESTA    HEX         56  00-02-01  17:32  TESTA.HEX
TESTA    SYM         91  00-02-01  17:32  TESTA.SYM
TESTA    ASM        709  00-02-01  17:31  TESTA.ASM
TESTA    LST      1,095  00-02-01  17:32  TESTA.LST
        4 個            1,951 バイトのファイルがあります．
        0 ディレクトリ  936,968,192 バイトの空きがあります．
```

図8・24　生成されたファイル

```
C:\Z80>TYPE TESTA.LST
                    ;;--------------------------------------------
                    ;;加算プログラム    testa.asm   2000.1.1
                    ;; (アブソリュートアセンブル用プログラム)
                    ;;--------------------------------------------
0000                        ORG     0000H       ;格納番地0000H指定
0000  3A 0E 00      START:  LD      A,(DATA1)   ;DATA1番地の内容を
0003  47                    LD      B,A         ;Bレジスタに転送する
0004  97                    SUB     A           ;Aレジスタをクリアする
0005  80            LOOP:   ADD     A,B         ;A←A+B
0006  05                    DEC     B           ;Bレジスタから1減じる
0007  C2 05 00              JP      NZ,LOOP     ;B=0まで繰り返す
000A  32 0F 00              LD      (SUM),A     ;SUM番地に合計格納
000D  76                    HALT                ;プログラム実行終了
000E  03            DATA1:  DB      3           ;DATA1番地に3をセット
000F                SUM:    DS      1           ;SUM番地を確保
0010                        END
```

図8・25　XA80によるアセンブルリスト

8.2.3 Windows版アブソリュートアセンブラXA80Wによるアセンブル例

エディタのメモ帳を使用して，図8・16のTESTR.ASMプログラムの**SEGMENT CODE**を**ORG 0000H**に変更してTESTA.ASMファイルを作成し，Z80ディレクトリに保存してXA80Wでアセンブルすると，アブソリュートオブジェクトファイル（.HEX），シンボルファイル（.SYM），アセンブルリストファイル（.LST）が自動的に生成される．これは**8.2.1**のアセンブル手順とリンク手順を1回で実行できる手順である．Z80ディレクトリ内のXA80W.EXEをクリックすると，図8・26が表示される．ソースファイル名を入力して|アセンブル|をクリックすると図8・27の画面が表示されるので，|OK|をクリックすると図8・28の画面が表示される．これでTESTA.ASMのプログラムがエラーなしでアセンブルされたことが示される．

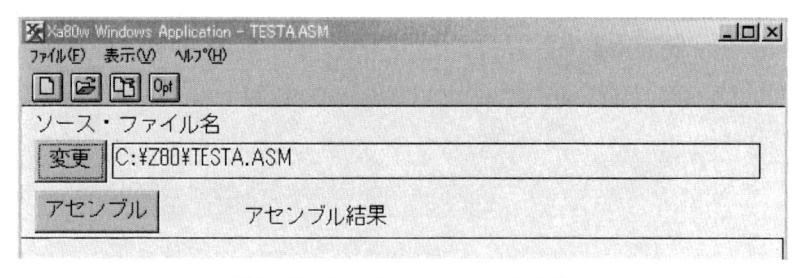

図8・26　XA80Wによるアセンブラ例①

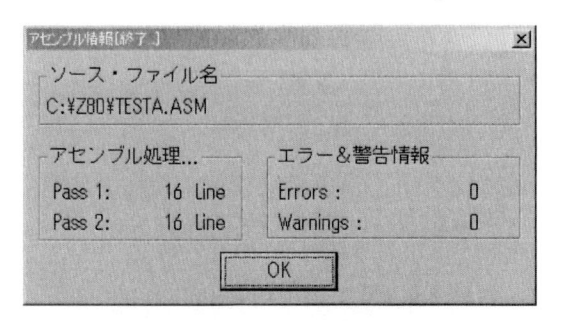

図8・27　XA80Wによるアセンブラ例②

8.2 プログラム作成とデバッガによる実行例 *211*

図8・28 XA80Wによるアセンブラ例③

8.2.4 Windows版デバッガZVW5によるデバッグ

ファイルTESTR.HEXのデバッグをWindows版のデバッガZVW5で行う手順を示す．まず，Z80フォルダ内のZVW5.EXEをクリックすると，図8・30のZ-Visionの画面が表示される．ここで，ファイル(F)，ファイルのロード，を順にクリックすると，図8・29が表示される．ここでTESTR.HEXファイルを選択し，OKをクリックすると，TESTR.HEXファイルがロードされ，図8・30の画面が表示されるので，デバッグをはじめることができる．

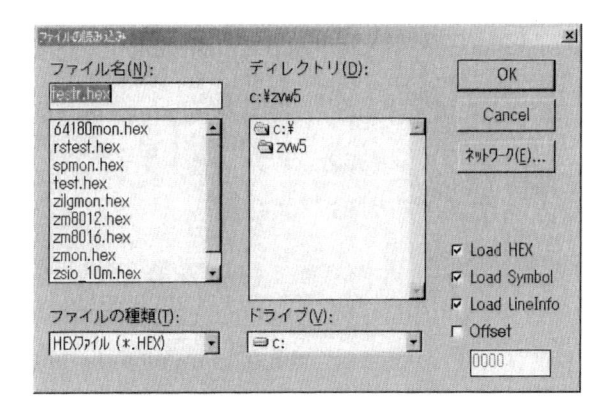

図8・29 デバッガZVW5によるデバッグ①

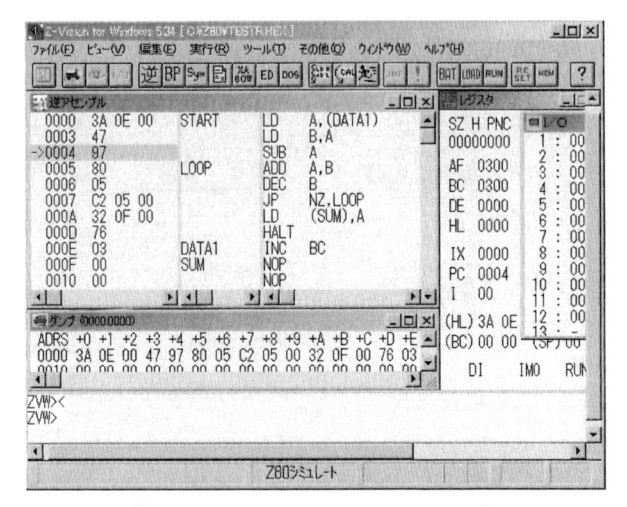

図8・30 デバッガZVW5によるデバッグ②

8.3 クロスアセンブラ(SASM)の使用法

クロスアセンブラは，ソースファイルをオブジェクトファイルに変換する機能を持っている．ここでは，クロスアセンブラ（SASM）の使用法の概略について解説する．詳細については，SASMユーザーズマニュアルを参照すること．

クロスアセンブラ（SASM）は，次のフォーマットでファイル名を入力することで駆動される．

SASM　オプション　ソースファイル名，オブジェクトファイル名，
　　　　　　　　　アセンブルリストファイル名

ソースファイル名がTESTR.ASMの場合はTESTRのみを入力する．同じように，オブジェクトファイル名がTESTR.RSLの場合はTESTRのみを，アセンブルリストファイル名がTESTR.LSTの場合はTESTRのみを入力する．オプションには /C　/N 等を入力する．図8・31にオプション機能を示す．

```
C:\Z80>SASM
System Load Assembler version 1.52  Copyright(C)1993 System Load Ltd.
Syntax ; SASM [options] [source],[object],[list]
        /?      Display this message
        /Ixxx   Include files directory
        /8      Target CPU: Z80 (Default)
        /1      Target CPU: HD64180
        /C      Case significant in symbols
        /N      Produce line number info
        /G      Set all symbol "public"
```
┗━ オプション記号

図 8・31 SASMのオプション指定

[具体例]　C:\Z80>SASM　/C　/N　TESTR,TESTR,TESTR

　クロスアセンブラ（SASM）では，プログラムの流れをわかりやすくしたり開発時間を短縮するための各種制御命令やマクロ命令が用意されている．次に，主なマクロ命令について説明する．

1 ロケーションカウンタ制御のマクロ命令

SEGMENT命令　機械語を格納するセグメント名を定義する．

　　［書式］
　　SEGMENT　シンボル　　　（リロケータブルセグメント宣言）
　　SEGMENT　＝定数式　　　（アブソリュートセグメント宣言）

　　［具体例］　シンボルがCODE，定数式が100Hの場合

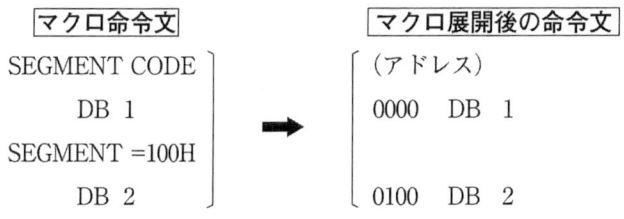

マクロ命令文	マクロ展開後の命令文
SEGMENT CODE	（アドレス）
DB 1	0000　DB　1
SEGMENT =100H	
DB 2	0100　DB　2

2 アセンブル制御命令

IF-ELSE-ENDIF命令　定数式が真（'1'）の時に命令群1を実行し，偽（'0'）の時は命令群2を実行する．

　　［書式］
　　IF　定数式　　　　　　（命令群1）
　　ELSE　　　　　　　　　（命令群2）
　　ENDIF

[具体例]

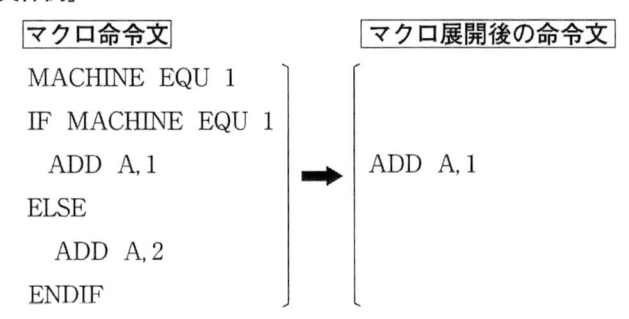

マクロ命令文	マクロ展開後の命令文

MACHINE EQU 1
IF MACHINE EQU 1
　ADD A,1
ELSE
　ADD A,2
ENDIF
	ADD A,1

3　マクロ命令

REPT命令（リピート命令）　REPTとENDMで囲まれたニーモニック命令を指定回数繰り返す．

[書式]

　REPT　　定数式
　　（ニーモニック）
　ENDM

[具体例]

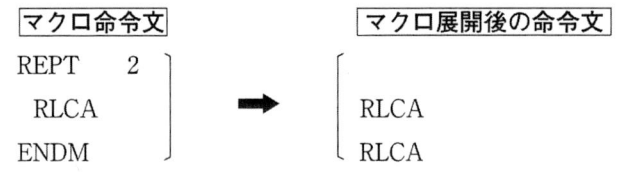

マクロ命令文	マクロ展開後の命令文
REPT　2 　RLCA ENDM	RLCA RLCA

IRPE命令　仮引数の記号をパラメータの記号に置き換えて展開する．

[書式]

　IRP　　仮引数，パラメータ1，パラメータ2，・・・
　　（ニーモニック）
　ENDM

[具体例]

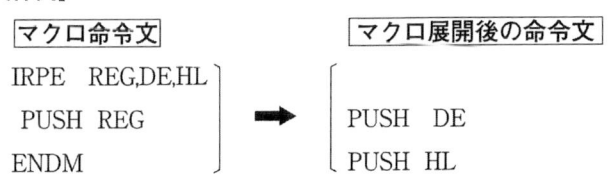

```
マクロ命令文                マクロ展開後の命令文
  IRPE  REG,DE,HL      ⇒      PUSH  DE
  PUSH  REG                   PUSH  HL
  ENDM
```

MACRO命令　仮引数の記号をシンボルのデータに置き換える．

[書式]

```
シンボル  MACRO  仮引数1, 仮引数2, ・・・
          (ニーモニック)
          ENDM
          シンボル  データ1, データ2, ・・・
```

[具体例]

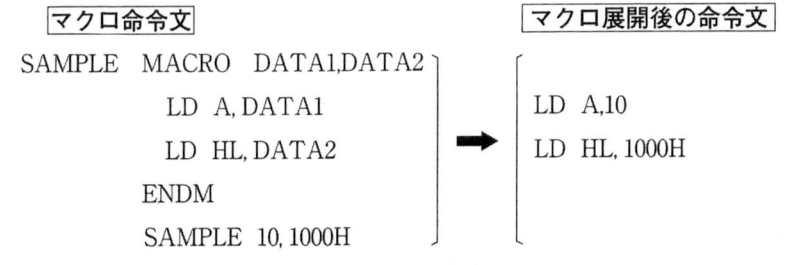

```
マクロ命令文                   マクロ展開後の命令文
  SAMPLE  MACRO  DATA1,DATA2
          LD  A, DATA1      ⇒      LD  A, 10
          LD  HL, DATA2              LD  HL, 1000H
          ENDM
          SAMPLE  10, 1000H
```

LOCAL命令　マクロ命令のラベルを定義する命令．

[書式]

```
LOCAL    ラベル1, ラベル2, ・・・
```

[具体例]

```
マクロ命令文                   マクロ展開後の命令文
  SAMPLE  MACRO  DATA
          LOCAL  NEXT
          LD  A, DATA        ⇒       LD  A, 10
          JP  NEXT                   JP  ..00001
  NEXT:                              ..00001:
          ENDM                       LD  A, 20
```

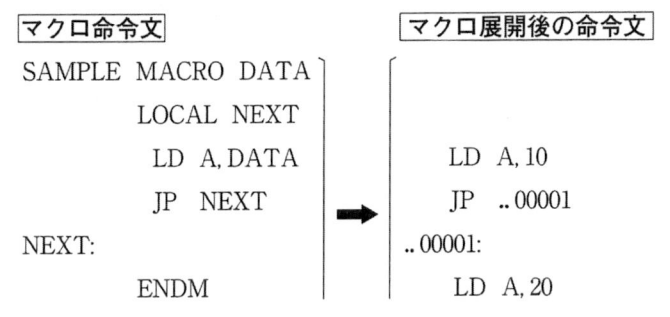

```
            SAMPLE   10    ⎤   ⎡  JP  ..00002
            SAMPLE   20    ⎦   ⎣  ..00002:
```

8.4 オブジェクトリンカ（SLINK）の使用法

オブジェクトリンカは，アセンブラで出力した相対番地型のリロケータブルオブジェクトファイル（.RSL）を複数個リンクして，実行可能な絶対番地型プログラムを作成する．この機能は次のようなものである．

① ラベルや変数名が相対アドレス型になっているので，絶対アドレスに変換する．

② 二つ以上のオブジェクトファイル（モジュールという）を結合する際，AモジュールからBモジュールの変数を呼び出すとき，その変数に絶対番地を割り当てる．

③ 実行可能なプログラムをインテルヘキサ形式（.HEX）でファイルセーブする．

リンカ（SLINK）の使用法の概略について述べる．詳細は，SLINKユーザーズマニュアルを参照すること．また，ライブラリアン（SLIB）で作成したライブラリアンファイルもリンクすることができる．

リンカは，次のフォーマットでファイル名を入力することで駆動される．

SLINK　オプション　オブジェクトファイル名，ヘキサファイル名，
**　　　　　　　　　　　　　　　　　　　　ライブラリアンリストファイル**

オブジェクトファイル名がTEST1.RSLとTEST2.RSLの場合は，TEST1とTEST2を入力する．ファイルの句切りはスペースで行う．ヘキサファイル名がTEST.HEXの場合は，TESTのみを入力する．

ライブラリアンリストファイル名がLIB.LSLの場合は，LIBのみを入力する．ライブラリアンリストファイルが未使用のときは空白にする．オプションには，/N　/Y　/M等を入力する．図8・32にオプション機能を示す．

8.4 オブジェクトリンカ(SLINK)の使用法

```
C:¥Z80>SLINK
System Load Linker version 2.11 Copyright(C)1993 System Load Ltd.
Syntax : SLINK [options] relfiles,hexfile,[libfiles]
@xxxx indicates use response file xxxx
  /?              Display this message
  /Lxxx           Library search paths
  /C              Case significant in symbols
  /Y              Output symbol file
  /M              Output map file
  /N              Output line number info
  /Sxxx=hhhh[!hexaddr]  Set segment address
```

図8・32 SASMのオプション指定

[具体例]

SLINK /SCODE=0000 /Y /M /N TESTR,TESTR

　上記の入力例では，TESTR.RSLを機械語プログラムの0000H番地以降に割り当てたインテルヘキサファイル（TESTR.HEX：図8・18参照）を出力する．さらに，オプション指定の/Yで，シンボルファイル（TESTR.SYM：図8・17参照）を出力，/Mでマップ（TESTR.MAP：図8・19参照）ファイルを出力，/Nで行番号情報ファイル（TESTR.LIN：図8・20）を出力する．

1　セグメントの結合順序

　複数のモジュールで個々に定義されたセグメントは，同一のセグメント名ごとに出現した順に結合される．例えば，図8・33のように定義されているセグメントは，

SLINK /SCODE=0000 /SDATA=1000 SAMP1 SAMP2, SAMP
　　　　　　　　　　　　　　　　　　　　　　　　　ヘキサファイル

でリンクすると，CODEセグメントの先頭番地は0000H番地，DATAセグメント先頭番地は1000H番地に割り当てられ，図8・34のようなセグメントマップになるようにリンクされる．

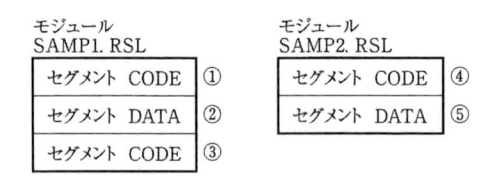

```
    モジュール                    モジュール
    SAMP1.RSL                   SAMP2.RSL
    ┌─────────────┬──┐          ┌─────────────┬──┐
    │ セグメント CODE │ ① │          │ セグメント CODE │ ④ │
    ├─────────────┼──┤          ├─────────────┼──┤
    │ セグメント DATA │ ② │          │ セグメント DATA │ ⑤ │
    ├─────────────┼──┤          └─────────────┴──┘
    │ セグメント CODE │ ③ │
    └─────────────┴──┘
```

図8・33　各モジュールのセグメント配置

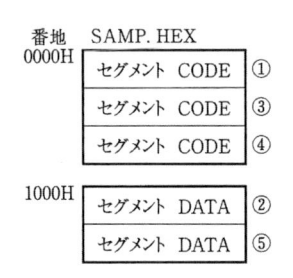

```
       番地      SAMP.HEX
      0000H ┌─────────────┬──┐
            │ セグメント CODE │ ① │
            ├─────────────┼──┤
            │ セグメント CODE │ ③ │
            ├─────────────┼──┤
            │ セグメント CODE │ ④ │
            └─────────────┴──┘
      1000H ┌─────────────┬──┐
            │ セグメント DATA │ ② │
            ├─────────────┼──┤
            │ セグメント DATA │ ⑤ │
            └─────────────┴──┘
```

図8・34　リンク後のセグメント配置

8.5　ライブラリアン（SLIB）の使用法

　リンクするモジュール数が多くなるとリンク作業に手間がかかるため，これらのモジュールをひとまとめにしたライブラリファイルを作っておくと，リンクの際の手間が省ける．このモジュールのライブラリ化は，ライブラリアン（SLIB）で行う．

　オブジェクトリンカは，アセンブラで出力した相対番地型のリロケータブルオブジェクトファイル（.RSL）を複数個をリンクして，実行可能な絶対番地型プログラムを作成する．

　ここではライブラリアン（SLIB）の使用法の概略について述べる．詳細はSLIBユーザーズマニュアルを参照すること．

　SLIBは次のフォーマットでファイル名を入力することで駆動される．

SLIB　オプション　ライブラリファイル名　コマンドリスト

オブジェクトファイル名がTEST1.RSLとTEST2.RSLの場合は，コマンドリストにTEST1とTEST2を入力する．句切りはスペースを用いる．ライブラリファイル名がLIB.LSLの場合は，LIBのみを入力する．

次に，主なオプションとコマンドリストを次に示す．

表8・4 オプション記号

オプション記号	機　能
/L	ライブラリ情報ファイル（.INF）の出力
/C	シンボルの大文字／小文字区別

表8・5 コマンドリスト

オプション記号	機　能
＋	＋以降のオブジェクトファイルをライブラリファイルに追加
－	－以降のオブジェクトファイルをライブラリファイルから削除

[具体例]

SLIB　LIB　+TEST1　TEST2

これはTEST1.RSLとTEST2.RSLをまとめたライブラリファイルLIB.LSLを作成する例である．

8.6　デバッガ（Z-Vision）の使用法

プログラムのデバッグは，プログラムのすべての道筋（論理）が正しいことを確認・修正する作業である．基本的には，プログラムの各ステップでのレジスタ，メモリ，フラグの内容が予想と合っているかどうかをチェックして確認する．したがって，デバッガには次の機能が必ず用意されている．

① トレース機能（**T**）1命令文ずつ実行する．レジスタの内容を確認できる．
② メモリダンプ機能（**D**）指定した番地の内容を確認できる．
③ 高速実行機能（**G**）指定した番地間の機械語を実行する．
④ ブレーク機能（**B**）プログラムカウンタ（PC）が指定番地を示したときに命令の実行を中断する．
⑤ アセンブル機能（**A**）ニーモニックを入力すると機械語に変換される．

⑥ 逆アセンブル機能 (**U**) 指定番地の機械語をニーモニック表現に変換する．
⑦ ファイルロード機能 (**L**) デバッグするプログラムファイルを読み込む．
デバッガのZ-Visionに用意されているコマンドの一覧表を表8・6に示す．

表8・6 Z-Visionのコマンド一覧表

Mini	コマンド	機　　　　能	書　　　　式
▲	?	ヘルプファイルの表示	?[⟨command⟩] または ⏎
▲	!	MS-DOSコマンド実行	![⟨command⟩]
▲	<	入力のリダイレクト	<file
▲	=	PC行表示	=
	A	ワンパスのアセンブルを行う	A[⟨address⟩]
	BP	ブレークポイントの設定	BP [⟨n⟩] ⟨address⟩ [⟨count⟩]
	BD	ブレークポイントの無効化	BD n0 [n1 [n2 [n3...]]] または BD *
	BE	ブレークポイントの有効化	BE n0 [n1 [n2 [n3...]]] または BE *
	BC	ブレークポイントの削除	BC n0 [n1 [n2 [n3...]]] または BC *
	BL	ブレークポイントリストの表示	BL
	BI	ブレークポイント通過回数の再設定	BI n0 [n1 [n2 [n3...]]] または BI *
▲	C	マシンサイクルのセット	C[⟨clock⟩] または C?
	D	メモリの表示と変更	D[⟨mode⟩] [⟨start⟩[⟨end⟩]] [>file]
▲	D?	ダンプウォッチ．指定したメモリの内容を表示	D?[[⟨n⟩]/⟨address⟩,⟨type⟩] D?⟨n⟩/,C
	E	CP/Mエミュレート機能ON/OFF	E ON または H OFF
	F	メモリフィル．指定範囲のメモリにデータ書き込み	F⟨start⟩⟨end⟩ d1[d2[d3...]]
	G	プログラムの実行	G[⟨start⟩[⟨break⟩]]
	ID	指定ポートからデータ読み込み	I⟨port⟩
	J	指定ソース行へデータスクリーン移動	J⟨LINE⟩ または J⟨SYMBOL⟩
	K	ロードした全てのソース情報の破棄	K　　　　⏎
	L	インテルヘキサファイル，及びシンボルファイルのロード	L[⟨HEXfile⟩[⟨SYMfile⟩]]
	MV	メモリのコピー	MV⟨start⟩⟨end⟩⟨dest⟩
	OD	指定ポートへデータ書き込み	O⟨port⟩⟨data⟩
	P	パス・トレース	P[⟨count⟩]
	Q	Z-Vision Remote の終了	Q　　　　または QY
	R	レジスタ値の設定	R[⟨reg⟩[⟨value⟩]]
	R	フラグの設定	R⟨F⟩⟨flgs⟩[⟨flgs⟩[⟨flgs⟩..]]
▲	R	CPUの割り込み許可／禁止切り換え	R DI/EI
	SL	シンボルの表示	SL[⟨symbol⟩]
	SC	シンボルの削除	SC⟨symbol⟩ または SC *
	SS	シンボルの登録	SS⟨symbol⟩⟨value⟩
	T	ステップ・トレース	T[⟨count⟩]
	U	逆アセンブルリストの表示	U[⟨address⟩]
▲	W	全ファイルの出力(対話形式)	W
	WH	インテルヘキサ形式のファイル出力	WH[⟨file⟩[⟨start⟩[⟨end⟩]]]
▲	WS	シンボルファイルの出力	WS[⟨file⟩]
▲	WL	リスト形式ファイルの出力	WL[⟨file⟩[⟨start⟩[⟨end⟩]]]
▲	WU	ソース形式ファイルの出力	WU[⟨file⟩[⟨start⟩[⟨end⟩]]]

Mini欄に「▲」のあるコマンドは，Z-Vision-mini版ではサポートされていません．

MS-DOS版デバッガZVMV（Z-Vision-Mini）の使用法について簡単に説明する．
詳細はユーザーズマニュアルを参照すること．また，Windows版デバッガZVM5
の使用法の説明は本書では割愛するので，マニュアルを参照すること．
　主なコマンドの入力方法と機能を簡単に説明する．

1　起動方法　デバッガは次のフォーマットでファイル名を入力することで駆動される．

ZVMV　インテルヘキサファイル名　シンボルファイル名

シンボルファイルは，ソースプログラムのラベルに2重コロン（::）を付けることで，アセンブラ言語で作られる．これでシンボルを使ったデバッグ（シンボリックデバッグ）が可能となる．ファイル名が同じ場合は，シンボルファイル名は省略してもよい．

[入力例]　ZVMV　TESTR.HEX　TESTR.SYM

上記の入力例では，インテルヘキサファイル（TESTR. HEX：図8・17参照）とシンボルファイル（TESTR. SYM：図8・17参照）をデバッガにロードする．ロードが終了すると，図8・35の画面が表示される．

図8・35　ZVMVの画面

画面の下部に **ZV>** のプロンプトが表示されデバッグコマンドの待ち状態になる．

2 ファイルのロードに関するコマンド

L（FILE LOAD） ヘキサファイルとシンボルファイルを入力するコマンド．同一ファイル名のときはヘキサファイル名だけでもよい．

L TESTR.HEX と入力すると，読み込まれたファイル名が図8・81のように表示される．

```
Load HEX file 'TESTR.HEX'  0000 - 000E
Load SYM file 'C:\Z80\TESTR.SYM'  4 symbol(s)
ZV>
```

図8・36 ファイルのロード完了メッセージ

3 メモリの内容の表示と変更に関するコマンド

D（DISPLY） メモリの内容の表示と変更を可能にする．

  D 100 メモリの100H番地以降の内容をバイト形式で表示．

  DE 100 100H番地からの内容を変更可能にする．

F（FILL） 指定メモリエリアの内容を指定データで満たす

  F 110 11F 22 110H〜11FH番地間のすべての番地の内容を22Hにする．

MV（MOVE） 指定メモリエリアの内容をコピーする．

  MV 100 10F 120 100H〜10FH番地の内容を120H番地以降にコピーする．

メモリ操作例を図8・37に示す．

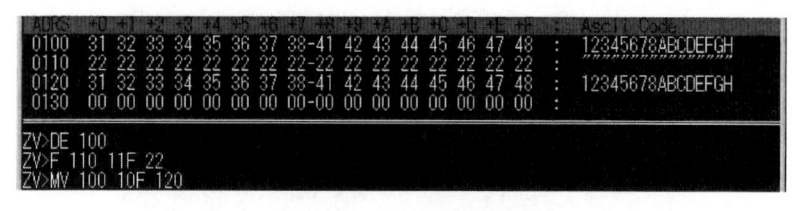

```
ADRS +0 +1 +2 +3 +4 +5 +6 +7 -8 +9 +A +B +C -D -E -F    ASCII Code
0100  31 32 33 34 35 36 37 38-41 42 43 44 45 46 47 48  : 12345678ABCDEFGH
0110  22 22 22 22 22 22 22 22-22 22 22 22 22 22 22 22  :
0120  31 32 33 34 35 36 37 38-41 42 43 44 45 46 47 48  : 12345678ABCDEFGH
0130  00 00 00 00 00 00 00 00-00 00 00 00 00 00 00 00  :

ZV>DE 100
ZV>F 110 11F 22
ZV>MV 100 10F 120
```

図8・37 メモリの操作例

4 レジスタ・フラグの値の変更に関するコマンド

R（REGISTER） 指定レジスタの値の変更を可能にする．

  R　A　10 Aレジスタに10Hをセット．

  R　PC 1000 PC（プログラムカウンタ）に1000Hをセット．

RF（FLAG） 指定フラグの値の変更を可能にする．フラグ名の前にNを付けると0がセットされる．

  RF　Z　NS Zフラグを1に，Sフラグを0にセット．

レジスタ，フラグの操作例を図8・38に示す．

図8・38　レジスタの操作例

5 アセンブル・逆アセンブルに関するコマンド

A（ASSEMBLE） 入力したニーモニックを機械語に変換し指定番地以降に格納する．

  A　1000 1000H番地以降にアセンブルした機械語を格納する．

図8・39のようにプログラム入力し，リターンすると，図8・40の機械語プログラムが作成される．

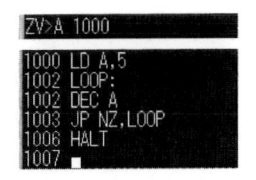

図8・39　A 1000 コマンドによるプログラム入力例

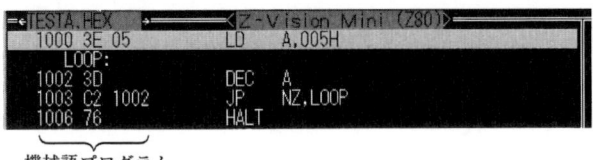

```
=TESTA.HEX=         =Z-Vision Mini (Z80)=
1000 3E 05          LD    A,005H
     LOOP:
1002 3D             DEC   A
1003 C2 1002        JP    NZ,LOOP
1006 76             HALT
```
　　　　　機械語プログラム

図8・40　Aコマンドによるアセンブル結果

U（逆アセンブル）　機械語プログラムをニーモニック言語プログラムに変換する．

　　U　1000　1010　1000H～1010番地の機械語をニーモニック言語に変換する．

6　プログラムの実行に関する関するコマンド

G（GO）　プログラムの実行をするコマンド．

　　G　1000　1000H番地以降の内容を機械語と見なして実行する．

T（STEP TRACE）　ニーモニック単位に指定ステップ数を実行する．

　　T　10　命令文を10ステップ実行後，レジスタ，フラグ，メモリの内容を表示する．

P（PASS TRACE）　トレース中にCALL命令で呼び出されるサブルーチン実行を高速実行するコマンド．

　　P　10　命令文を10ステップ実行する．

BP（BREAK POINT）　プログラムを指定番地で停止させるコマンド．ブレークポイントナンバ，停止させる番地とそこを通過する回数が設定できる．

　　BP1　1003　2　1003H番地を2回通過したら停止するブレークポイント1の設定例．

BD（BP削除）　指定番号のブレークポイントを削除するコマンド．

　　BD　1　ブレークポイント1（BP1）を削除する設定．

ブレークポイントの設定を図8・41に，Gコマンドでのプログラム実行例を図8・42に示す．

図8・41　ブレークポイントの設定

図8・42　Gコマンドによるプログラム実行例

7　Z-Visionの終了コマンド

Q（終了）　Z-Visionを終了するコマンド．

Q　図8・44のメッセージを表示する．Yを入力すると，Z-Visionを終了してMS-DOSに戻る．

図8・43　Z-Visionの終了

索　引

■ア行

アキュムレータ　49, 68
アクチュエータ　11
アセンブラ　80, 205
アセンブリ言語　81
アセンブル制御命令　213
アドレスカウンタ　89, 91
アドレス部　40
アドレッシングモード　72
アブソリュート　194
アルゴリズム　164

イコール　88
1補数　27
イミーディエット　101
インクリメント命令　125
インデックスアドレッシング　74
インデックス
　　アドレッシングモード　106
インデックスレジスタ　66, 106
インテルヘキサ形式　216

演算装置　6

オーバーフローフラグ　118
オブジェクトファイル　216
オブジェクトプログラム　81
オブジェクトリンカ　216
オプション機能　212
オペコード欄　83
オペランド　40
オペランド部　40
オペランド欄　83
オペレーションコード　40
オリジン　86

■カ行

拡張アドレッシングモード　104
間接アドレッシングモード　108

記憶装置　6
機械語　80
機械語命令　39
擬似命令　81
基数　17
組込型マイコン　9
キャッシュメモリ　16
逆アセンブル機能　220
キャリフラグ　119
9補数　26
行番号ファイル　207

繰返し型プログラム　178

減算フラグ　119

コード　32
コール命令　156
構造化プログラム　165
語長　13
コメント欄　82

■サ行

サインフラグ　116
サブルーチン　156
サブルーチンプログラム　156
算術演算命令　115
算術的右方向シフト命令　146
3増し符号　31

シーケンス制御　12
ジャンプ命令　42
10補数　26
16進法　17
16ビット演算命令　133
16ビット加算命令　133
出力装置　4
出力ポート　61, 152
出力命令　152
条件付コール命令　158

索引

条件付ジャンプ命令　　57, 136
条件付リターン命令　　159
情報交換用符号　　32
シングルコーテーション　　85
シンボルファイル　　217, 222
シンボルリスト　　206

スタックエリア　　112
スタックポインタ　　113
ステートメント　　94

制御装置　　6
セグメント　　217
セグメントの情報ファイル　　207
絶対番地型　　216
セット・リセット　　115
ゼネラルフロー　　167
セミコロン　　85
ゼロフラグ　　116
センサ　　12
専用レジスタ　　64

ソース　　101
ソースプログラム　　81
相対アドレス方式　　138
相対番地型　　216
即値アドレッシング　　75
ソフトウェア　　7
ソフトウェアツール　　194

■タ行

多重サブルーチン　　184

逐次制御方式　　7
直接アドレス方式　　137
ディスプレースメント　　106
ディティルフロー　　167
テキスト形式　　195
テキストファイル　　197
デクリメント命令　　126
デスティネーション　　101
デバッグ　　165
デファインバイト　　89

デファインメッセージ　　94
デファインワード　　91

トレース機能　　219

■ナ行

ニーモニックコード　　81
ニーモニック表現　　41
2-4-2-1符号　　31
2進化10進補正(DAA)　　117
2進化10進補正命令(DAA)　　128
2進法　　17
2補数　　26
入力装置　　4, 151
入力ポート　　61, 152
入力命令　　152

■ハ行

ハードウェア　　7
ハーフキャリフラグ　　117
排他的論理和(EXOR)　　24, 133
倍長加算　　122
バイト　　31
8進法　　17
パリティフラグ　　117
汎用レジスタ　　65

比較命令　　127
左方向ローテート命令　　143
ビット　　31
ビットセット命令　　149
ビットテスト命令　　150
ビットリセット命令　　150
否定論理(NOT論理)　　23

フィードバック制御　　12
フォルダ　　19, 197
符号ビット　　27
フラグ　　49, 115
フラグレジスタF　　68
ブレーク機能　　219
ブレークポイント　　224

228 索 引

プログラム　2
プログラムカウンタ　47, 65
プログラム内蔵方式　2
分岐型プログラムの例　180

ペアレジスタ　66, 110
変位値(ディスプレースメント)　139

補助レジスタ　69

■マ行

マイクロコントローラ　13
マイクロコンピュータ　8
マイクロプロセッサ　8
マクロ命令　214, 215

右方向ローテート命令　144

無条件コール命令　157
無条件ジャンプ命令　57, 136
無条件リターン命令　159

命令　6, 39
命令コード　81
メインルーチン　156, 182
メモ帳　195, 199
メモリ　6
メモリ直接アドレッシング　74
メモリダンプ機能　219
メモリマッピング　174
メモリ容量　38

モジュール　216

■ヤ行

4ビットローテート命令　147

■ラ行

ライブラリアン　218
ライブラリアンファイル　216
ラベル欄　82

リセット信号　51, 66
リターン命令　156
リロケータブル　194, 197

レジスタアドレッシング　72
レジスタ間接アドレス方式　137
レジスタ間接アドレッシング
　　モード　105

ロケーションカウンタ　84
ロケーションカウンタ制御命令　213
論理演算命令　115
論理積命令　131
論理的左方向シフト命令　144
論理的右方向シフト命令　145
論理和命令　132

■ワ行

ワンチップマイコン　13
ワンボードマイコン　13

■英字

ALU　49
AND論理　25
ASCII　33
ASICマイコン　16
Aレジスタ　49

BCDコード　128
BCD符号　30

CISC　16
CODEセグメント　217
CPUレジスタ　64

DATAセグメント　217
DEFB　90

EBCDIC符号　31
END　87

IF-ELSE-ENDIF命令　213

索引

IOポート番号　*152*
IRPE命令　*214*

JIS コード　*32*

LD　デスティネーション, ソース　*101*
LOCAL命令　*215*

MACRO命令　*215*
MPU　*8*
MS-DOSプロンプト　*194, 198*
MS-DOSプロンプト版
　　アブソリュートアセンブラ　*208*

OR論理　*24*

PC(プログラムカウンタ)　*136*

RAM と ROM　*38*
REPT命令　*214*
RISC　*16*

SASM　*194*
SEGMENT命令　*213*
SLINK　*194, 198*

Windows　*194*
Windows版アブソリュートアセンブラ　*211*

XA80　*194*
XA80W　*194*

Z80フォルダ　*197*
Z-Vision　*196, 198*
ZVMV　*194*
ZVW5　*194, 198*

【著者紹介】

柏谷英一（かしわや・ひでかず）
　学　歴　日本電子工学院電子工学研究科卒業
　　　　　産業能率短期大学生産管理卒業
　　　　　法政大学経済学部経済学科卒業
　職　歴　日本電子開発㈱
　　　　　運輸省航空局管制技術課技官
　　　　　日本工学院八王子専門学校工学部部長

佐野羊介（さの・ようすけ）
　学　歴　電気通信大学電気通信学部電波通信学科卒業
　職　歴　日本工学院専門学校パソコンネットワーク科

中村陽一（なかむら・よういち）
　学　歴　東芝学園コンピュータスクールハードウェア工学科修了
　職　歴　㈱東芝青梅工場
　　　　　東芝学園コンピュータスクールハードウェア工学科
　　　　　日本工学院八王子専門学校コンピュータ機械制御科

図解 Z80
マイコン応用システム入門　ソフト編　第 2 版

1988年 3 月20日	第 1 版 1 刷発行	ISBN 978-4-501-53120-1 C3055
1999年 3 月20日	第 1 版13刷発行	
2000年 3 月20日	第 2 版 1 刷発行	
2021年 9 月20日	第 2 版11刷発行	

著　者　柏谷英一・佐野羊介・中村陽一
　　　　Ⓒ Kashiwaya Hidekazu, Sano Yousuke,
　　　　　Nakamura Youichi 1988, 2000

発行所　学校法人　東京電機大学　〒120-8551 東京都足立区千住旭町 5 番
　　　　東京電機大学出版局　Tel. 03-5284-5386（営業）03-5284-5385（編集）
　　　　　　　　　　　　　　Fax. 03-5284-5387 振替口座 00160-5-71815
　　　　　　　　　　　　　　https://www.tdupress.jp/

JCOPY <（社）出版者著作権管理機構　委託出版物>
本書の全部または一部を無断で複写複製（コピーおよび電子化を含む）することは，著作権法上での例外を除いて禁じられています。本書からの複製を希望される場合は，そのつど事前に，（社）出版者著作権管理機構の許諾を得てください。また，本書を代行業者等の第三者に依頼してスキャンやデジタル化をすることはたとえ個人や家庭内での利用であっても，いっさい認められておりません。
[連絡先] Tel. 03-5244-5088, Fax. 03-5244-5089, E-mail: info@jcopy.or.jp

印刷：新灯印刷㈱　　製本：渡辺製本㈱　　装丁：高橋壮一
落丁・乱丁本はお取り替えいたします。　　　　　　Printed in Japan

マイコン関連書籍

たのしくできる
Arduino電子制御
Processingでパソコンと連携

牧野浩二 著　　B5判　264頁

「Arduino」と「Processing」を使って電子工作！　回路はすべての電子回路に回路図と実体配線図の両方を掲載し、プログラムは見やすさを心がけた。

たのしくできる
Arduino電子工作

牧野浩二 著　　B5判　160頁

Arduinoを使って，簡単マイコン入門。初めてでも使いやすいこのマイコンを使って，いろいろな電子工作にチャレンジしてみよう。

たのしくできる
ブレッドボード電子工作

西田和明 著／サンハヤト ブレッドボード愛好会 協力
B5判　160頁

さまざまな電子回路を気軽に実習でき，電子部品についての基本やアナログ回路・デジタル回路の基礎を学べる。

たのしくできる
Arduino実用回路

鈴木美朗志 著　　B5判　120頁

Arduinoを使って，実用的な電子回路を製作。振動ジャイロによる緊急電源停止回路や二足歩行ロボットの製作など，実用的な電子回路の製作に挑戦。

たのしくできる
光と音のブレッドボード電子工作

西田和明 著　　B5判　112頁

ブレッドボードとトランジスタ，ICを組み合わせて，電子ホタルや電子ギターを作ろう！　段階を追って基本的な回路の動作を理解できるよう構成した。

たのしくできる
Raspberry Piとブレッドボードで電子工作

加藤芳夫 著　　B5判　160頁

ラズパイとブレッドボードを組み合わせて，さまざまな電子工作を作ろう！　デジタル時計やLEDを使った電飾などの製作方法を掲載。

たのしくできる
かんたんブレッドボード電子工作

加藤芳夫 著　　B5判　112頁

ハンダ付け不要のブレッドボードでラクラク電子工作！　実体配線図通りに部品を配置して，電子ローソク，温度アラーム，ステレオアンプなどを製作。

C言語による
PICプログラミング入門

浅川毅 著　　A5判　192頁

PICマイコンのC言語によるプログラミングの基礎を分かりやすく解説。2進数や16進数などのデータ表現や，C言語の基礎も掲載。

＊定価，図書目録のお問い合わせ・ご要望は出版局までお願いいたします。
URL　https://www.tdupress.jp/